计算机辅助西装纸样参数化设计方法

滕洪军　著

东北大学出版社
·沈　阳·

ⓒ 滕洪军　2021

图书在版编目(CIP)数据

计算机辅助西装纸样参数化设计方法 / 滕洪军著
. -- 沈阳：东北大学出版社, 2021.12
ISBN 978-7-5517-2649-8

Ⅰ. ①计… Ⅱ. ①滕… Ⅲ. ①西服—服装设计—纸样
设计—计算机辅助设计 Ⅳ. ①TS941.26

中国版本图书馆CIP数据核字(2022)第006629号

出　版　者：东北大学出版社
　　　　　　地址：沈阳市和平区文化路三号巷11号
　　　　　　邮编：110819
　　　　　　电话：024-83680176（编辑部）　83687331（营销部）
　　　　　　传真：024-83683655（总编室）　83680180（营销部）
　　　　　　网址：http://www.neupress.com
　　　　　　E-mail:neuph@neupress.com
印　刷　者：沈阳市第二市政建设工程公司印刷厂
发　行　者：东北大学出版社
幅面尺寸：170 mm × 240 mm
印　　张：7.25
字　　数：142千字
出版时间：2021年12月第1版
印刷时间：2021年12月第1次印刷
策划编辑：罗　鑫
责任编辑：刘新宇
责任校对：杨　坤
封面设计：潘正一
责任出版：唐敏志

ISBN 978-7-5517-2649-8　　　　　　　　　　　　定价：39.00元

前　言

　　计算机辅助设计（computer aided design，CAD）是一种计算机综合应用技术，它依靠计算机来生成和运用各种数字信息和图形图像信息，进行产品设计，是近几十年来工程技术领域中发展最迅速、最引人注目的一项高级技术。现有的服装样板设计智能化系统更多依赖样板设计师及打板人员的经验操作，容易造成服装样板设计的误差，影响服装生产的质量及快速反应，导致服装企业对服装 CAD 样板设计智能化系统的利用率偏低，尤其对于服装定制型企业更是难以满足需求。

　　本书通过对服装 CAD 纸样设计系统进行分析，提出参数化设计的概念，并对西装纸样知识进行分析、归类和匹配等研究，建立了西装纸样参数化设计的基本框架。运用纸样自动生成和交互设计技术，结合服装本身和用户的需求，把人的主观判断及思维转变成用计算机可实现的方法，完成西装衣身模块、衣领模块及衣袖模块的理论分析，建立数学模型并进行优化，寻求适合样板师的曲线生成模式。通过总结西装款式及纸样变化规律，确定西装打板规则，完成男女西装纸样的自动生成设计。

　　西装纸样参数化设计的研究，有效地解决了款式较为稳定的西装纸样的重复设计，提高了打板精度和速度，提供了样板设计关键部位的智能化调整，改善了服装 CAD 样板设计智能化系统。本书可作为服装 CAD 软件开发企业的参考，也可供服装生产技术人员及服装爱好者学习参考。

　　本书共分6章。第1章介绍了服装 CAD 参数化打板系统的应用及发展。第2章系统地介绍了西装纸样设计及规律，包括衣身、衣领和衣袖等主要部分的规律。第3章介绍了参数化西装纸样数学模型的构建，重点介绍西装纸样曲线数学模型方法。第4章介绍了西装纸样模块设计及算法，包括总体框架和三大主要模块的算法。第5章介绍了西装纸样自动生成技术，并建立模块参数化数据库。第6章是本书结语，总结了西装纸样参数化设计方法的研究成果及服装 CAD 打板系统智能化的应用与展望，给出了未来服装纸样智能化打板的研究方向。

　　本书撰写前做了大量的相关研究，并结合多年教学研究发表了《服装CAD样板系统的应用现状及发展》《辽宁老年女装纸样参数化系统的建立》《辽宁省城市老年女装基本型的建立》《基于参数化设计的锥形裤纸样探讨》等论文。本书参数化设计系统及曲线算法等借鉴了部分国内外专家的相关成果，在此表示衷心感谢！由于笔者的水平有限，本书中难免有不妥之处，敬请各位专家和业界人士批评指正。

著　者

2021年8月

目　录

0
引　言

　　CAD是一种计算机综合应用技术，它依靠计算机来生成和运用各种数字信息和图像信息，进行产品设计，是近几十年来工程技术领域中发展最迅速、最引人注目的一项高级技术。服装CAD技术走过了五十多年的历程，它将人和计算机有机地结合起来并进行优势互补，使得服装企业的生产经营发生了巨大变化，极大地提高了服装企业的快速反应能力，以适应越来越激烈的服装市场竞争环境，并将在服装行业的现代化进程中起着不可替代的作用。

　　服装CAD从开始起步到普及，开发和应用有了较大的进步，技术的高速发展、市场的迅速变化，使服装业作为更新换代的行业，面临着新的挑战，于是服装业对服装CAD系统的要求也在不断地提高，尤其是作为重要组成部分的服装样板设计系统。原本只是简单重现人工操作的样板设计方式已经不能满足现代化服装业的要求，使得服装样板设计系统的使用和发展处于半停滞状态。于是，如何突破现有功能，发挥样板设计的创造性，是服装CAD样板设计系统面临的一个挑战。同时，服装业快速的生产、创造性的设计及个性化的需求，也使得服装生产企业对于服装CAD系统有了更高的要求。原有服装样板设计系统功能的欠缺，使得服装企业对服装CAD样板设计系统的利用率偏低，尤其对于服装定制型企业更是难以满足需求。现有的样板设计智能化系统无法满足设计需求，又缺乏专家系统的指导，样板设计师及打板人员只能依靠自己的经验操作，很容易造成服装样板设计的误差，影响服装生产的质量及快速反应。

　　随着信息技术和人工智能技术的迅速发展，服装CAD在新的技术推动下，获得了更广阔的发展空间，计算机科学领域中智能化技术正逐渐渗透到服装CAD系统中。伴随着设计理念的不断变革，开发智能服装样板技术成为服装CAD应用的热点和难点。

　　西装纸样参数化设计的研究，有效地解决了款式较为稳定的西装纸样的重复

1

设计，提高了打板精度和速度，而且提供了样板设计关键部位的智能化调整，改善了服装CAD样板设计系统的欠缺。本书通过理论和实践相结合的方法，针对服装CAD样板设计系统，结合现代服装企业的需求，以西装纸样为研究对象，进行参数化智能设计的探讨，为实现西装纸样智能化设计进行了初步的研究。

1

服装CAD参数化打板系统的应用及发展

随着服装CAD的快速发展，服装结构设计即打板系统有了广泛的应用与发展。目前的服装CAD打板系统主要有两种：一种是手动键盘式打板，另一种是参数化智能打板。手动键盘式打板速度较慢，但可以按照打板师的思维习惯，用CAD绘图工具一步步进行绘制。参数化智能打板主要是输入人体主要部位的尺寸，通过现成的模型，直接生成服装样板，并根据打板师的经验做一定的修改。

目前，国内很多服装CAD打板系统主要是由计算机软件专业人员利用现成的服装结构图设计而成的，服装结构原理方面存在一定的欠缺，服装CAD软件也不可避免地出现这样或那样的问题，尤其是服装中一些重要部位的结构处理。探讨服装结构原理，根据服装制板规律，拟合服装重要部位的曲线，开发服装CAD参数化打板系统，并提供重要部位的人机对话，能够更好地解决现有服装参数化打板系统的不足和问题，为服装专业人员及在校服装专业学生提供较为理想的打板工具。

1.1　国内外服装CAD概况

服装CAD（computer aided garment design，CAGD）就是将CAD领域中的理论和技术应用到服装设计、生产、产品开发、经营管理等各个环节，从而极大地改善了产品的整个生产效率与质量[1]。

国际上最早出现的服装CAD系统是美国1972年研制的MARCON系统。在此基础上，美国格柏（Gerber）公司研制出一系列服装CAD产品，并推向国际市场，成为这类系统的先驱。在随后短短数十年内，有几十家公司上百套系统问世，主要有：法国力克（Lectra）公司Srthousette 2000和System 2000系统，西班牙艾维（Investronica）公司服装式样生成系统（P.G.S），加拿大派特（Pad）公司PAD系统，德国艾斯特（Assyst）系统，日本裕辉系统开发有限公司的YuKa系统，瑞士爱力惜时（Alexis）系统，美国PGM和CAD系统等。

我国服装CAD技术的开发起步于20世纪80年代，比国外晚了10年左右，但发展速度较快。如深圳的富仪（Richpeace），杭州的爱科（Echo），北京的航天（Arisa）[2]、至尊宝坊（Modasoft）以及丝绸之路（Silk road）等服装CAD系统，已研究并开发出教学版和企业版，设计的服装CAD系统不仅能很好地满足服装企业生产和大专院校教学的需要，而且在系统的实用性、适用性、可维护性和更快捷的反应速度以及价位等方面与国外产品相比都更具有优势。

服装CAD系统主要包括款式设计系统（fashion design system）、结构设计系统（pattern design system）、推板设计系统（grading system）、排料设计系统（marking system）、试衣设计系统（fitting design system）、服装管理系统（management system）等。国外服装CAD系统主要包括款式设计、打板放码、自动排料、三维试衣及服装管理等内容，是一项比较成熟的技术，目前三维智能系统已经被广泛地应用到服装生产当中。如美国PGM公司的自动排料系统，加拿大派特公司的试衣系统，德国艾斯特的成本控制系统等在国际上均处于领先水平。国内服装CAD系统主要包括款式设计、打板放码、自动排料等内容，还处在二维设计阶段，三维智能系统正在研发阶段，尚不够完善。

1.2　国外服装CAD打板系统的研究现状

目前，进入中国大陆市场的国外服装CAD系统有很多，如美国格柏系统、法国力克Srthousette 2000和System 2000系统、西班牙艾维P.G.S系统、加拿大PAD系统、德国艾斯特系统、瑞士爱力惜时系统及美国PGM服装CAD系统等。这里只介绍国外CAD打板系统。

国外服装CAD打板系统是将人工绘制的、经样衣试穿确认的基础样板，通过数字化仪输入计算机后，利用打板模块中的工具对基础样板进行检验和修正，使之完全符合要求。在打板操作过程中，可任意确定一个点、一条线、一个面。纸样的结构设计较能准确地体现打板师的意图，具有科学性与随意性。但对于已确定的曲线线段，保持一端点不动而修改一端点到另一确定点的长度的线段，则操作较为复杂，只有通过一步步地操作，反复测试才能完成[2]。

（1）美国格柏服装CAD工艺设计系统

格柏服装CAD样板设计包含在服装CAD工艺设计系统内。格柏服装CAD工艺设计系统包含AccuMark，Silhouette电脑开头样系统和AccuMark 100/200样片设计、放码和排料系统。格柏AccuMark，Silhouette电脑开头样系统为成衣纸样设计引进了新的概念，系统中包含了立体裁剪方法和原型裁剪方法，并融入了服装纸样设计所需要的人工设计技术。

格柏AccuMark系统提供了一系列简化的服装样板设计，使用者可以根据款式需要来调用和修改这些简单的基本样板，也可以选择在屏幕上重新生成样板，所有完成的样板都通过电子数据的方式进行储存[3]。格柏AccuMark 100/200样片设计、放码和排料系统融合了电脑绘图功能和人工绘图技术，为成衣设计和纸样设计提供了创新的手段。

（2）法国力克服装CAD工艺设计系统

法国力克服装CAD工艺设计系统由打板放码及排料两个模块组成。打板放码系统是针对服装纸样设计、工业生产用服装纸样及放码而研制的新型软件，采用"基本设计"和"依式样变化"的纸样数据组织方式，只要修改单一裁片，成衣的所有裁片便自动地完成相应的协调修改。

力克标志性的样板设计系统可让用户在实现严格质量控制的同时，对不断增长的服装产品系列进行管理，并处理个别定制样板。力克打板系统具有以下特点[4]。

① 高阶裁片联结。

建立一件服装相关联裁片间的联结。当一个裁片被修改后，相关联的裁片会自动作地相应的变更。相关联裁片间的互动性，适用于基本样板及不同尺寸。

② 流线大师。

使用无线笔输入样板和制作新样板，输入全比例的样板，方便点选Modaris所有的功能。

③ 裁片设计制作。

使用已有服装样板进行修改，并制作新样板。运用服装平面图打板概念沿线转动功能（walking piece），以工作层的方式进行服装裁片设计，平面图打板方式具有功能强大的结构图工具。

④ 高阶放缩。

就预先储存的规则或参考已有放缩规则的样板，进行新样板的制作、修改或复制放缩规则，特别是在原有的样片放缩规则上，作身高与体宽变化的特殊放缩。

（3）西班牙艾维打板系统

艾维打板系统除具有交互式打板、多种缩放、光笔读图、快速用料估算及人工智能排料功能外，还具有量身打板功能，适用于高档服装的定制。

量身打板系统实现了电脑自动改板，只要给出客户要求变更的尺寸，系统便根据款型各部位的变更规则进行变更，大大地缩短了单件服装的定制耗时。该系统只需输入试衣后服装局部的变更数据，再将订单输入电脑，在客户所选款型及规格的基础上，根据各部位的修改要求，自动修改样板，生成面料、里料的排料图，直接用于裁剪。同时，艾维打板系统还可以将企业总部与各地销售点联成销售网络，实现数据库资料共享[4]。

（4）加拿大派特（PAD）服装CAD打板系统

派特服装CAD打板系统具有独特的电脑开头样技术、样板快速生成修改技术、精确的读图绘图输出技术、最早开发并一直领先的真三维立体试衣技术，以及能兼容众多硬件及CAD软件的完全开放系统等优势，在国内外服装CAD行业中独树一帜。派特服装CAD打板系统具有以下特点。

①具有完全开放性。

系统兼容市面上能见到的国内外30多种绘图仪（或切割机）、20多种数字化仪；兼容其他服装CAD系统（如Gerber、Lectra等）文件，以及图形、文本软件（如Photoshop、Illustrator、Office等）文件；十七种语言版本，全球共享。

②操作简单实用。

系统仅设30多个制作纸样工具，全部以图符按钮显示，界面开阔简洁；独有"模板"功能，实现原型打板和修改前后样片的直观对比；具有强大的复制、粘贴功能，使得文件之间、纸样之间、线条之间的复制变得轻而易举；电脑可自动生成特定圆滑曲线，或随意拉弧成任意曲线，并具有方便的电脑精确圆顺功能。

③具有电脑直接开头样系统。

以派特自由打板为代表的电脑开头样系统，弥补了以往CAD用户仍沿用手工打板，再读图入样的缺陷，提高了制作效率。全面的自由打板、辅助线设计打板、原型打板及结构线智能打板实现了真正的度身定做及自动放码等，更适应国内样板师的打板方式。

（5）德国艾斯特打板系统

艾斯特打板系统实现了打板、放码及排料一体化。可以自动生成、自动归类样板，可以根据客户需求度身打板，可以任意组合款式，对数据进行远程传输，并转换国际上其他知名系统的数据。

①自动成样系统。

样板师的打板、设计经验能在电脑中保存，系统能重复使用，输入所需尺寸，系统自动生成新样板。点击相关尺寸，系统自动生成新领型样板；输入所需吃势，系统自动完成袖片与衣片的吃势匹配；点击所需测量部位，系统自动计算制表，显示测量结果；输入修改量，系统自动修改样板并协调样板关系。

②打板系统。

打板（pattern making）系统集智能化、自动化于一体。省道转移、打褶、分割裁片、放缝及展开等处理快速简捷，智能化复核样板（如面样板、里样板和黏合衬可一次复板）方便实用。系统可自动累积加减各档的尺寸，也可多种方式测量尺寸；试缝功能可模拟样衣缝制过程，并可同时校对样板；自动生成并绘制样板的相关信息（如尺码、款号名称等）。

③度身打板系统。

度身打板实现了个性化大工业生产。对同一款式，不同的尺寸（如制服、职业装、高档西装），只需将数据输进度身打板模块，新的样板便自动生成。客户通过互联网选择自己满意的款式，然后将自己的尺寸、地址等相关信息通过网络传输给各供应商，供应商将客户尺寸输入到艾斯特系统的度身打板模块，一套符合客户需求的样板便自动生成。零售商（如专卖店、连锁店、特许经营店）从客户那里获得尺寸数据，然后通过E-mail、传真或其他形式传递给生产商，生产商通过艾斯特的度身打板模块进行生产，再将产品送到客户手中。

（6）瑞士爱力惜时服装CAD打板系统

爱力惜时系统是瑞士著名服装CAD公司的产品，它将服装产品开发、生产、营销管理融为一体。服装CAD系统包括硬件和软件两大部分，软件通常包含系统软件、应用软件两类，可与各种类型的绘图机、打印机、针织机、剪床连机一道工作。爱力惜时软件有Design款式设计模块、PGM打板放码排料模块、COMET成本核算模块三大模块。PGM打板放码排料模块功能齐全，实用可靠，并与CAM系统联机；爱力惜时打板系统速度快、效率高，衣片还可通过电脑完成天衣无缝的对接[5]。

爱力惜时系统具有可视性强、速度快、效率高、节省材料、成本低等特点。如传统放码、打板系统，用人工放码打板需一天或更长的时间，采用此系统可在几秒内自动完成；又如传统自动排料系统，人工裁剪布料，需要较长时间能找到最佳的排料方案，而采用该系统可在1分钟内，从众多的排料方案中选择出最佳、最节省的，还可准确地核算成本，自动打印排板小图样。

爱力惜时系统使用功能较为齐全。其中，自动试衣·三维显示的服装织物可穿着在模特身上进行演示，用以观看试衣效果。打板、放码、排料无需纸墨、板样显示和修改衣片，衣缝可通过电脑完成无缝对接，大大节省了试样成本。

（7）美国PGM专业CAD打板系统

PGM专业CAD打板系统由美国PGM服装电脑中心研发，该中心是美国洛杉矶国际服装学院的下属机构。PGM为打板（pattern making）、推档（grading）、排料（marking）三个英文单词的首字母。

PGM打板系统的突出特点表现在应用人工智能和人性化等尖端技术，软件功能强大，操作却非常简单。PGM独有的尺寸规格为打板提供精确的尺寸，原型法、比例法制板方便快捷，完全依据尺寸表直接推档。对顾客进行体型测量，经过自动样片设计、放码、排料，到高速度、高质量地完成服装制作，是一个高度自动化面向顾客的服装制作系统。在三维领域，PGM已经研制成真正的从二维衣片到三维人体穿着修改的软件，并能模拟不同布料的三维悬垂效果，实时地生成服装穿着效果图，实现全方位旋转。

PGM专业CAD打板系统具有很多优点：能快速输入样板师的手工样板，转化为数字化样板；可以提供强大的修改及调整工具，完成特殊样板的修改，创造更多纸样；PGM系统是全球最早开发的双语CAD软件，每一种功能全部使用专业术语，提供十多种语言版本及强大的数据交换能力，方便国际贸易往来。

PGM专业CAD打板系统具有开头样模块，能提供丰富的样板制作工具；拥有制作常规缝份、缝份折边、缝份折角等细分功能；净板与缝份吻合性良好，随着净板的修改，缝份可自动修改；可直接导入、导出标准格式文件，与Microsoft Office兼容，方便用户与办公自动化软件或管理系统连接。

1.3　国内服装CAD打板系统的研究现状

我国服装CAD技术虽然发展速度很快，但与国外相比还有很大差距。目前，二维服装CAD系统的研发已趋于成熟，软件功能较为齐全，应用领域较为广泛，在一定程度上可与国外高水平软件相媲美。国内服装CAD系统主要有航天、日升NAC系列、爱科、富怡（Richpeace）、至尊宝坊、时高、樵夫服装工作室等。

国内服装CAD打板系统的主要功能是用电脑绘制服装基础样板，再修改样板，工具特别适合于制板，操作类似于在平面画板上进行绘制，非常方便。系统对点、线、面的处理交代得非常清楚（国内许多人习惯公式法打板），相应操作速度较慢。当各部位的规格改变时，对应线段的长度和形状也随之改变，具有自动生成的操作模式[2]。

（1）航天服装CAD样板系统

航天服装CAD系统是由款式设计、样板设计、放码、排料、试衣和信息库六个系统组成的多功能CAD系统。样板设计系统包括比例打板和原型打板两种方法，具有较强的曲线处理功能，其智能化和参数化的结构设计，处于国内同类系统的领先水平。该系统使用时，只需要设计一套基础样板，其他型号只要输入相应部位的数据，系统将智能地按照样板师的打板步骤自动生成样板，这种功能非常适合"单量单裁""制服"及批量制作的服装企业和个人。

航天样板系统实现了联动修改功能。样板师在制作基础板的同时，软件系统自动生成操作步骤修改表，无论是基础板的修改还是新板型的变化，只需用鼠标在样板图中轻轻一点，即可自动在修改表中找到相应步骤，通过几个数据的修改，相关样板线条的变化全部由电脑自动完成，从而实现样板结构的联动修改。

航天样板系统的部件插入功能可以将衣领、衣袖分别建立数据库，制板时，只画衣身，从库中选择合适的衣领、衣袖插入衣身文件中，系统将按照衣身相应部位的尺寸调整插入衣领、衣袖的大小。

（2）日升NAC系列服装工艺设计系统

日升NAC 700工艺设计系统主要由原型制作、打板、推板和排料四大模块组成，每个功能模块完成的图形可直接传递到其他功能模块中使用，四个模块构成一套完整的服装工艺设计系统。

原型制作模块具有国内较为流行的日本文化式原型和Knit原型打板方法。利用该模块，只要使用者给出所需款式的几个基本尺寸，就可以非常方便地得到原型纸样图，并转到打板模块中去打板。

该系统打板模块绘图工具齐全，曲线功能和部件制作功能也具有一定的特色。自动打板一旦建立起打板规则，就可以方便地改变尺寸自动打板。该模块还可以利用数字化仪输入已有的衣片图[4]。

NAC 2000工艺设计系统在NAC 700的基础上，更加丰富了打板工具，可模拟手工打板方式，快速完成样板设计；可随意对样板进行调整、剪切、变形、圆顺及拼合等处理；系统具有常用的曲线、弯尺资料库，可完成曲线的修改、剪接，同时具有多种部件库（西装领、两片袖、口袋及腰带等），减少重复操作，使样板设计更轻松。

（3）爱科服装CAD样板设计系统

爱科服装CAD样板设计系统集读图板读入样片方式、智能度身打板方式、交互式打板方式为一体，完善了样片设计功能[6]。其特点如下。

① 提供原型法打板、比例法打板、公式法打板、结构线智能打板、自由打板等多种制板方式，满足不同设计习惯的制板师的要求。

② 系统能自动记录操作的全过程，可随时全程回放、调用修改，有效地保存了样板师的制板经验。

③ 系统提供了多种精确的测量工具，可按照打板师的需要进行不同数据测量，数据信息可直接纳入规格表中进行使用。

④ 样板间可模仿样板师，手工进行动态吻合，随时修正，使样板更符合设计要求。

⑤ 可模拟样板省道的对缝处理，直接对省边进行修顺，样板修正一次完成。

（4）富怡CAD打板系统[3]

富怡CAD打板系统拥有强大的制板工具，符合人工传统制板习惯，可记忆打板数据和步骤，按照输入的规格尺寸自动生成纸样，并可自动放码。

富怡CAD系统提供了多种打板方法，如原型法、公式法、比例法及定寸法等制图方法，供用户选择，并可交互使用；提供了专业的修改工具，可快速进行省位转移，对样板局部进行修改。系统提供专业长度测量、长度比较工具，可精确测量线段长度、线段的差值并自动修改；自动备份功能可安全恢复数据，免去后顾之忧；可以快速、准确地完成复杂的省道转移、展开等工作，并且能调整省道合并的效果。

（5）至尊宝坊CAD打板系统

至尊宝坊CAD打板系统在绘制结构图、样片处理、省褶变化、裁片作成、纸样测量和检查等方面，具有独特的优势。

① 绘制结构图。

系统可以自由地绘制、修改曲线，可以任意加点、减点及改点，并自动圆顺曲线。

② 样片处理。

系统具有样片取出功能，采用智能模糊技术，不仅能自动修剪纸样的净边，在结构图上取出样片，而且能取出"片中片"，特别适合挂面、贴边和分割线较多的款式。

③ 省褶变化。

省褶变化完全遵循服装结构变化原理，对于不对称、不指向BP点的多条曲线能一次完成省位转移。对于同一边线上的多个收省，也可自动查看省道闭合后的效果，修改净边的造型，还可同时做多个褶。

④ 裁片作成。

系统具有快速加缝边、切角、段差的功能，并具备自动记忆和遗传的功能；在修改缝边上的任一要素时，其他已完成要素会自动更新。

⑤ 纸样测量和检查。

系统具有动态的纸样拼合和对刀检查功能，检查、修改同时完成。

（6）时高CAD打板系统

时高服装CAD系统包括款式设计系统、工艺结构设计系统、打板系统、放码系统、排料系统、工时工序系统等六个子系统。打板系统提供参数化打板和非参数化打板两种方式。

参数化打板，可适应比例裁剪法、D式裁剪法及原型法等进行自由样板设计。系统能自动生成衣片，对于曾经制作过的款式，只要选定款式尺寸即可；提供各类原型衣片，在此基础上，进行变化和修改，并设计出新的款式衣片。

非参数化打板，提供丰富打板工具，提供多种线型、服装部件及标尺说明；能对各部位尺寸进行精确测量，包括直线、弧线；可度身定制，开头样制成后，修改尺寸表的尺寸，可即时生成新的样板。

（7）樵夫服装工作室CAD打板系统

樵夫服装工作室CAD打板系统支持比例法、原型法和基型法打板，无论使用者掌握何种裁剪方法，均能在该系统中方便地实现。系统功能是以人们习惯的方式来实现的，例如直尺、曲线板、圆规、量角器、橡皮和软尺等工具都与日常生活中使用的方式相同，使操作者可以按照想象去操作。该系统支持复杂的裁剪公式，并可随意修改调整标注位置或样式。对于各款式的样片，只需画一次，需要类似的样片时，只需稍做改动，即可变为新款样片。

1.4 服装CAD参数化智能打板的现状及发展趋势

参数化设计（parametric design）是直接运用人工智能设计的计算机辅助技术[7]。它不仅可使服装CAD系统具有交互式绘图功能，而且具有自动绘图的功能。它是目前CAD技术应用领域内一个重要的、有待进一步深入研究的内容。

所谓服装纸样参数化设计是指所设计的形体的定位尺寸和形状尺寸完全是用变量符号（或称参数）定义的，而不是一组尺寸常数。这样用形体参数控制其尺寸，设计师只需要修改形体参数的值，就可以使形体、形状改变而不必去修改形体本身。参数化设计的基础是形体关联数据库的建立，由于其数据结构具有继承性和关联性，因此设计结果的变化十分快捷[8]。

服装CAD参数化设计主要利用计算机的存储功能，总结某种款式的打板规律，将打板过程存入计算机中，用户需要时，重复执行该过程，实现固定款式样板的自动生成，这与真正意义的智能化还有很大差距。要实现参数化纸样的设计功能，要对服装不同部位的样板建立支持参数化设计的数学模型，确定控制样板变化的各个关键参数，对其变化规则进行总结，形成样板原型知识库，并建立相应的推理机制，实现输入关键部位尺寸直接生成二维样板[9]。

利用服装CAD参数化设计手段开发的服装产品设计系统，可使设计人员从大量繁重而琐碎的绘图工作中解脱出来，可以大大提高设计速度，产生巨大的经济效益，因此引起了世界范围内研究机构、服装行业的极大关注，并结出了丰硕的成果。

目前，许多国家正致力于智能化服装CAD打板设计系统的研究，并取得了初步的成果。美国Gerber公司智能化系统能记录公司最优秀打板师的打板过程，并进行存储，这样，以后的打板师制作类似的样板时，就可以提高效率，而且样板同样很好。制作夹克衫衬里时，只要将夹克衫样板调出，系统就会按照夹克衫的打板操作，自动生成衬里样板。Gerber公司的度身打板系统可以采用手动或自动测量方法输入尺寸，它是一个功能强大的服装定制输入系统，能自动分析尺寸和款式信息并传输到计算机，系统可以选择款式最适合的样板，并能按照顾客的要求修改样板。在这个系统中，专家的打板经验数字化以后，被存入数据库。

法国Lectra公司的智能化系统能在几秒内按照顾客的要求完成样板的修改。

德国Assyst公司度身打板系统可以管理顾客的详细数据，对样板进行自动修改，或提醒样板师如何进行修改。

NAC 700系统能自动生成文化式原型，只要输入顾客的净胸围、背长、袖长等尺寸，就能自动生成文化式原型，在此基础上，继续完成成衣打板过程。

由此可见，国外在服装参数化的研究领域中已迈出第一步，他们把开发重点放在度身打板上，而国内把开发重点放在衣片的自动生成上。航天系统、爱科系统、广州的樵夫系统、天纺的SC-2000系统都有不同形式的自动生成功能。本书以西装纸样作为研究对象，对西装的衣身、衣袖及衣领进行分类，并进行深入的探讨，确保样板的准确性。在此基础上，将其变量参数化，并建立样板的数学模型，使西装纸样自动生成得以实现。在西装纸样参数化设计系统开发中，解决西装主要部位曲线数学模型是关键的环节。

1.5　西装纸样参数化设计的提出和需要解决的问题

通过对服装CAD系统的比较和分析，国内外服装CAD对放码和排料系统的研制和开发比较成功，应用也较为广泛。相比较而言，目前的服装CAD样板设计系统还不够理想，服装企业应用较少。原有的操作方式已渐渐无法跟上现代服装工业的节奏，系统功能的局限难以满足用户不断发展的需求，甚至在一定程度上阻碍了样板师的思路，影响了他们创造性的发挥。因此，对服装CAD样板设计系统进行参数化智能开发成为服装CAD系统的一个重要发展方向。

本书通过对服装 CAD 系统中的样板设计系统进行分析，突出参数化、智能化概念，贯穿面向设计的思想，充分利用系统提供的硬、软件资源进行参数化开发，对服装制板知识进行分析、归类、匹配等研究，建立西装纸样的整体框架。运用自动生成样板和交互技术，结合服装本身和用户的需求，对西装纸样设计系统智能开发进行了初步的研究。把人的主观判断及思维转变成用计算机可实现的方法，完成西装领模块、袖模块及衣身模块的理论分析，实现西装纸样的智能化操作。并针对衣身袖窿和袖结构的吻合特点，进行人机交互设计，完成局部样板的修改，拓展设计人员的创造能力。

本书从建立西装参数化模型着手，总结男女西装款式及纸样变化规律，确定西装的打板规则，完成西装纸样的自动生成设计。对西装领、袖窿及袖山部位曲线模型进行优化，寻求适合样板师的曲线生成模式，并进行人机交互修改，尽可能使西装样板满足设计需求。

2

西装纸样设计及规律

2.1 男西装纸样设计及规律

男西装的概念原指男士穿着同一面料构成的套装，由上衣、背心和裤子组成，故称"三件套"（suit），又称"西服""洋装"。西装起源于17世纪的欧洲，18世纪后期出现了男装礼服，19世纪出现了休闲西装，从诞生到现在，经历了300多年，几乎始终在流行和不断地完善，20世纪20年代形成了现代套装的原型，成为日常装的正统装束。男西装造型基本上延续了礼服的形式。西装外观挺阔、线条流畅、穿着舒适，配上领带或领结后，更显高雅典朴，是现代生活中常见的正式或日常装束。

2.1.1 男西装纸样的基本特点

男装形式上的流行受程式化影响很大，这是由男装特点决定的。西装在男装中属于中性，因此，它在流行中最能反映男装变化的尺度，处于男装流行的中心地位。西装的变化成为牵动整个男装流行的纽带，虽然式样众多，但总体造型却很相似，主要以T型、H型和X型为主，充分显示了男性宽阔的胸腔及肩部形态。男西装变化的关键在于款式的细部设计，如领型、开衩、门襟、手巾袋及大袋等。其中基本廓型的变化是制约其他因素的重要环节。

（1）男西装廓型特点

廓型在服装的流行中占有主体地位，廓型作为流行的先决条件制约着西装局部的变化。男西装廓型通常有三种基本形式，即T廓型、H廓型和X廓型。T廓型强调西装的肩部和胸廓造型，臀部和下摆收紧；H廓型在西服套装中属于基本型，肩部、腰部和下摆较为适中；X廓型西装腰部比较合体，强调腰身特点。在西装三种基本廓型的结构设计中，除了对腰部、臀部和下摆的尺寸进行处理外，肩部造型的结构设计是非常重要的。图2.1为男西装廓型种类。

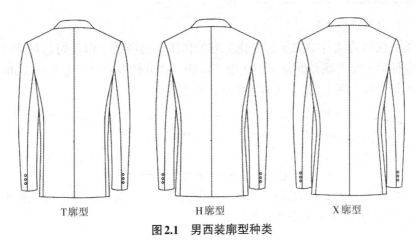

| T廓型 | H廓型 | X廓型 |

图2.1　男西装廓型种类

（2）男西装领型特点

领型作为男西装的视觉中心，是服装流行的感觉重点，也是认识流行细节和总体的纽带。

男西装与其他服装的不同点，是将衣领、驳头两大部分有机地组合在一起，形成西装款式独特的风格。男西装领型主要分为平驳领、戗驳领和青果领三大类。图2.2为常见的男西装领型种类。

平驳领一般用于单排扣西装，不仅是习惯，也是结构的要求。平驳领标准的领缺口通常略小于90°，驳头上有一个插花纽孔，与下层的手巾袋相匹配。驳领的造型往往是男西装设计的重点，很多品牌把驳领造型作为品牌的象征，如报喜鸟西装的驳头一直固定为直角。

戗驳领常用于双排扣西装，也可用于单排扣西装。戗驳领的结构是在平驳领的基础上，补平了领缺口，同时向上挑起一个三角形，给人以古典、成熟与庄重的感觉。

青果领多用于单排扣西装，无领领缺口设计。

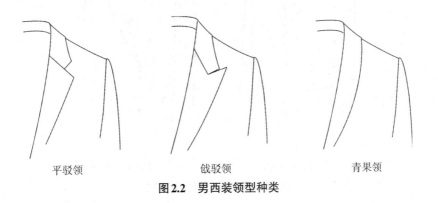

| 平驳领 | 戗驳领 | 青果领 |

图2.2　男西装领型种类

（3）男西装袋型特点

袋型在西装流行中主要起烘托主题的作用。男西装手巾袋切忌对称设计，其基本种类主要有倾斜的平行四边形手巾袋、斜度较大的船头形手巾袋和圆角形手巾袋三种。图2.3为男西装手巾袋主要类型。

平行四边形手巾袋　　　　　船头形手巾袋　　　　　　圆角形手巾袋

图2.3　男西装手巾袋主要类型

男西装大袋主要有双嵌线大袋、有袋盖双嵌线大袋和明贴大袋三种类型。图2.4为男西装大袋主要类型。

双嵌线大袋　　　　　　有袋盖双嵌线大袋　　　　　明贴大袋

图2.4　男西装大袋主要类型

（4）男西装门襟特点

男西装的门襟有单排扣圆角形门襟和双排扣直角形门襟两种，单排扣门襟有一粒、二粒和三粒扣等形式，双排扣门襟有四粒和六粒扣等形式。单排扣门襟追求一种自然实用的风格；双排扣门襟的流行是对历史、传统的追溯和怀念，具有复古情怀。图2.5为男西装门襟主要形式。

单排扣圆角形门襟　　　　　　双排扣直角形门襟

图2.5　男西装门襟主要形式

（5）男西装开衩特点

男西装的开衩包括后开衩和袖开衩两种。后开衩在男西装流行中具有重要的形式作用，还有一定的实用功能。

男西装后开衩通常有两种形式：一种是后中缝开衩，另一种是后侧缝开衩。开衩的位置、高低经常配合着廓型变化，因此对整体造型影响很大。一般流行X廓型，开衩设在后中缝，高度接近腰线，使X廓型特点更加突出。流行T廓型，开衩设在两侧或无开衩。H廓型男西装，任何形式的开衩都适用。图2.6为男西装后开衩主要形式。

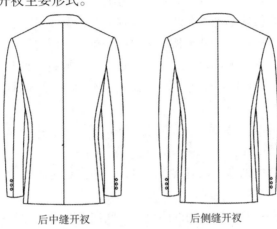

后中缝开衩　　　　　　　　　　后侧缝开衩

图2.6　男西装后开衩主要形式

男西装袖开衩和袖头纽扣具有特殊的造型语言。男西装的袖开衩一般采用形式上真开衩、实际上假开衩的工艺处理，袖头纽扣一般有三粒和四粒两种。图2.7为男西装袖开衩主要形式。

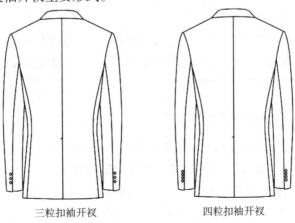

三粒扣袖开衩　　　　　　　　　　四粒扣袖开衩

图2.7　男西装袖开衩主要形式

2.1.2 男西装纸样的尺寸测量

（1）男西装体型测量

男西装的规格尺寸主要来源于人体测量。男西装结构制图过程中，所用的尺寸主要来自三个方面：一是人体测量得到的尺寸，如身高、胸围、衣长及袖长等，它是参数化纸样设计的关键；二是根据胸围尺寸推算得到的尺寸，如领围、肩宽、胸宽、背宽及袖窿深等；三是根据西装款式需要来确定的尺寸，如横开领宽、袖口、口袋尺寸等。在上述三方面尺寸中，实际测量人体所得到的尺寸是基础，它直接影响到男西装的合体程度及造型效果。

身高：人体自然站立，从头顶量至地面的距离，用"G"表示。

胸围：身着单衣，人体自然站立，从腋下经过胸高点水平围量一周，松紧适宜。如果西装穿在毛衫外侧，则应在毛衫外面测量胸围尺寸，净胸围用"B_0"表示。

衣长：人体端坐于凳面，从颈侧点经胸部量至凳面，或用公式 [0.4G+（6~8）cm] 来计算，用"DL"表示。

袖长：人体自然站立，从肩端点起量，经肘点量至所需长度（一般在手腕和虎口之间），用"SL_0"表示。

肩宽：横量左右两肩端点间的距离，中间向上略带弧度，用"S_0"表示。

（2）男装国家标准尺寸

《服装号型 男子》国家标准规定，号指人体的身高（G），是设计和选购服装长短的依据。型指人体的胸围或腰围，是设计和选购服装肥瘦的依据。通过胸腰差的计算，将男子体型划分为四类，即偏瘦体、标准体、偏胖体和胖体，分别用Y，A，B，C表示。

其中，胸腰差为22~17 cm的为偏瘦体（Y），胸腰差为16~12 cm的为标准体（A），胸腰差为11~7 cm的为偏胖体（B），胸腰差为6~2 cm的为胖体（C），这里以男性标准体型为例进行研究。

2.1.3 男西装成衣规格设计

男西装的成衣规格较其他款式服装简单，主要由于男西装造型较为固定。控制部位胸围的尺寸设计最为关键，其加放量的多少直接影响到男西装的造型。考虑流行因素，男西装胸围加放量一般控制在10~20 cm，宽松类男西装胸围加放量一般在15~20 cm，合体类男西装胸围加放量一般在10~14 cm，其他围度尺寸可以由胸围来推算，长度尺寸一般由身高来计算。因此，男西装的成衣规格只要先确定身高（G）、胸围（B）和袖长（SL）的尺寸，其他部位的尺寸按照一定的计算公式很容易得出。

① 衣长（DL）＝ 0.4G+（4～6）cm；

② 背长（BWL）＝ G/4 cm；

③ 袖长（SL）＝ SL_0+1（垫肩量）cm；

④ 领围（N）＝ B/20+4 cm；

⑤ 胸围（B）＝ B_0+（10～20）cm；

⑥ 肩宽（S）＝ （B/5+1.5)×2 cm；

⑦ 袖口（CW）＝ B/10+4 cm；

⑧ 领面宽（b）＝ 3.4 cm；

⑨ 领座宽（a）＝ 2.7 cm。

2.1.4 男西装纸样开身结构设计规律

男西装有三种基本结构模式。由于面料选择的差异，不同情况应采用不同的结构模式。四开身结构（前片和侧片连在一起）为西装的简易结构，适用于H廓型或粗纺面料；六开身结构（前片和侧片分开）为西装的常规结构，由于前侧有落地省，对H，X和T廓型都适用，对面料的选择也较为广泛；加腹省的六开身结构为西装的理想结构，这种结构充分表现了西装整体与局部的完美统一，造型细致入微，多用于精纺面料的高档西装，适用于X廓型和T廓型。三种结构模式虽然在外观上差别并不明显，但内部结构处理方面却有较大的差异性。

四开身男西装是三种结构的基本形式。后背缝收臀量略大于收腰量，后侧缝位置以背宽线为依据，因为背宽线是人体后背向侧衣身转折的关键部位，也是塑型的最佳位置。前侧省的设定，要稍向侧体靠拢，虽然胸宽线也是前衣身向侧衣身转折的关键，但这个位置如果出现结构线，容易破坏前衣身的完整性。

四开身结构收腰量（以半身为标准）后侧缝最大为5 cm左右，其次后背缝为2.5 cm左右，前侧缝处在第三位1.8 cm，胸腰省最小为1 cm。这种收腰量的确定强调男西装后背曲线，而前胸挺括的造型也需要这种处理，这已经成为男西装程式化的基本设计规律。

六开身结构男西装是在四开身结构的基础上，将前侧省变成断缝结构。如果强调X廓型，可以在六开身结构的基础上，作收腰和增加下摆处理。所追加的收腰量在后侧缝和前侧缝两处平衡处理，男西装下摆量主要在于后侧缝处理。

加腹省六开身结构男西装是在保持六开身结构的基础上，强调男西装结构与造型的紧密性和内在的含蓄性。通过腹省设计，使作用于前胸的菱形省变成剑形省，从而减少了前衣身的曲面形态。将前衣身做成腹省，同时满足了中年男性腹部微凸的曲面造型。

2.1.5　单排扣男西装纸样结构设计

（1）单排扣男西装衣身纸样设计

单排扣男西装衣身纸样设计以X廓型三粒扣六开身为例，选用男子标准体型中间体，号型为170/88A。图2.8为单排三粒扣男西装款式。

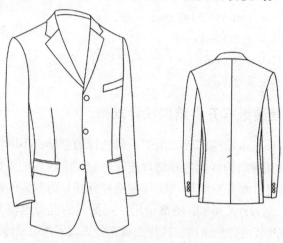

图2.8　单排三粒扣男西装款式

单排扣男西装衣身纸样设计的重点是确定细部结构的参数化公式，这些公式是建立男西装纸样参数化系统数据库的基础。H廓型、T廓型纸样结构及其款式变化在X廓型单排扣男西装纸样基础上，做适当的调整即可完成。

① 单排扣男西装后衣身结构要点。

后中心线至前中心线的距离为（B/2＋3.4）cm。

后横开领宽为（B/20+4）cm，后直开领深为后横开领宽的1/3，即 ［（B/20+4）］/3 cm。

后背宽的尺寸为（B/5–0.5）cm，向外1.5 cm为肩宽尺寸。

后肩净斜度为19°，包含垫肩量为18°。

从肩端点向下（B/5+2）cm确定胸围线。

胸围线向上 B/20 cm为后袖窿点高度。

后腰节长为 G/4 cm。

后衣长为（0.4G+4）cm。

后中心腰收腰量为2.5 cm，收臀量为3 cm。

后开衩距腰围线6 cm左右。

后侧缝收腰量为2 cm左右，其大小直接影响男西装后衣身的贴体程度。

② 单排扣男西装前衣身及侧衣身结构要点。

前衣身及侧衣身的宽度为（B/4+B/4+1.2）−（B/5−0.5）+1.2cm=（B/2−B/5+2.9）。

前衣身上平线为于后衣身上平线下落［(B/20+4)/3］cm处，即前衣身上平线与后直开领深线位于同一水平位置。

横开领宽为（B/20+5.5）cm，其中撇胸量为1.5 cm左右。

前肩斜度为21°，包含垫肩量为20°，前小肩线长度比后小肩线短0.7 cm，作为前小肩工艺归拔量。

前胸宽为（B/5−2.5）cm，比后背宽短2 cm左右。

前衣身胸围线、腰围线与后衣身胸围线、腰围线分别位于相同水平位置。

单排扣男西装叠门量为1.8～2.0 cm，下襟为圆角形态。

前衣长为（0.4G+6）cm。

前袖窿角平分线长度为（0.02B+0.3）cm，后袖窿角平分线长度为0.03B cm，这两个尺寸的大小直接影响前后袖窿弧的形态。

单排扣男西装大袋的高低位置位于腰围线向下9 cm处，大袋中点为胸宽线向前2 cm处，大袋宽为（B/10+4）cm。

手巾袋距胸宽线3.5 cm左右，起翘量1.5 cm左右，手巾袋宽为（B/10−1）cm。

单排扣男西装最下侧纽扣位置与大袋位置相同，纽扣间距为10.5 cm左右，最上侧纽扣向上1.5 cm为驳止点。

驳口线距颈肩点0.7a cm（a为领座的宽度），驳领宽度为8 cm左右。图2.9为单排三粒扣男西装衣身纸样。

（2）单排扣男西装衣领纸样设计

单排扣男西装驳领倒伏量为（a+b）:2（b−a），a为领座的宽度，b为领面的宽度。领缺口的角度略小于90°，如图2.9所示。

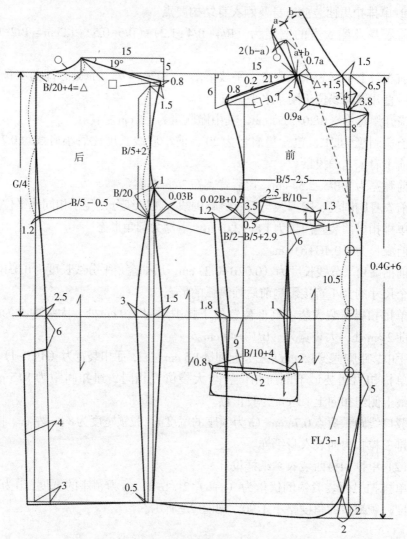

图2.9 单排三粒扣男西装衣身纸样（单位：cm）

（3）单排扣男西装衣袖纸样设计

单排扣男西装衣袖为合体两片袖结构，首先量取衣身袖窿弧线AH。

袖肥为（B/5-1）cm左右，袖山对角线长度为（AH/2-0.4）cm，袖山缩缝量控制在2.5 cm左右。

袖肘线高度为（SL/2+3）cm，袖长为SL。

袖口宽为（B/10+4）cm，袖开衩长10 cm，宽2.5 cm。纽扣位置距外袖缝1.5 cm，距袖口3.5 cm，三粒纽扣间距2.5 cm。图2.10为单排三粒扣男西装衣袖纸样。

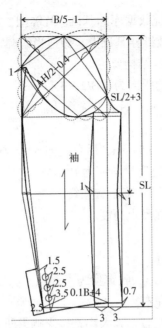

图2.10 单排三粒扣男西装衣袖纸样（单位：cm）

2.1.6 双排扣男西装纸样结构设计

（1）双排扣男西装衣身纸样设计

双排扣男西装衣身纸样设计以X廓型四粒扣六开身为例，号型选用男子标准体型中间体，号型为170/88A。图2.11为双排四粒扣男西装款式。

图2.11 双排四粒扣男西装款式

双排扣男西装衣身纸样设计的重点也是确定细部结构的公式，这些公式是

23

建立男西装纸样参数化系统数据库的基础。H廓型、T廓型纸样结构及其款式变化在X廓型双排扣男西装纸样基础上，做适当的调整即可完成。

① 双排扣男西装后衣身结构要点。

后中心线至前中心线的距离为（B/2 + 3.4）cm。

后横开领宽为B/20+4 cm，后直开领深为后横开领宽的1/3，即（B/20+4）/3 cm。

后背宽的尺寸为（B/5-0.5）cm，后背宽向外1.5 cm为肩宽尺寸。

后肩斜度为19°，包含垫肩量斜度为18°。

从肩端点向下（B/5+2）cm确定胸围线。

胸围线向上B/20为后袖窿点高度。

后腰节长为G/4 cm。

后衣长为（0.4G+4）cm。

后中心腰收腰量为2.5 cm，收臀量为3 cm。

后开衩距腰围线6 cm左右。

后侧缝收腰量为3 cm左右，其大小直接影响男西装后衣身的贴体程度。

② 双排扣男西装前衣身及侧衣身结构要点。

前衣身及侧衣身的宽度为（B/4+B/4+1.2）-（B/5-0.5）+1.2 cm=（B/2-B/5+2.9）cm。

前衣身上平线比后衣身上平线下落后直开领深尺寸为 ［（B/20+4）/3］cm，即前衣身上平线与后直开领深线位于同一水平位置。

前横开领宽为（B/20+5.5）cm，其中撇胸量为1.5 cm左右。

前肩斜度为21°，包含垫肩量为20°，前小肩线长度比后小肩线短0.7 cm，作为前小肩工艺归拔量。

前胸宽为（B/5-2.5）cm，比后背宽短2 cm左右。

前衣身胸围线、腰围线与后衣身胸围线、腰围线分别位于相同水平位置。

双排扣男西装叠门量为6～8 cm，下襟为直角形态。

前衣长为（0.4G+6）cm。

前袖窿角平分线长度为（0.02B+0.3）cm，后袖窿角平分线长度为0.03B cm，前后袖窿角平分线长度的大小直接影响前后袖窿弧的形态。

双排扣男西装大袋的高低位置位于腰围线向下9 cm处，大袋中点为胸宽线向前2 cm处，大袋宽为（B/10+4）cm。

手巾袋距胸宽线3 cm左右，起翘量2 cm左右，手巾袋宽为（B/10-1）cm。

双排扣男西装最下侧纽扣位置比大袋位置低3 cm，纽扣间距为12 cm左右，最上侧纽扣向上1.5 cm为驳止点。

驳口线距颈肩点0.7a cm（a为领座的宽度），驳领宽度为9 cm左右。图

2.12为双排四粒扣男西装衣身纸样。

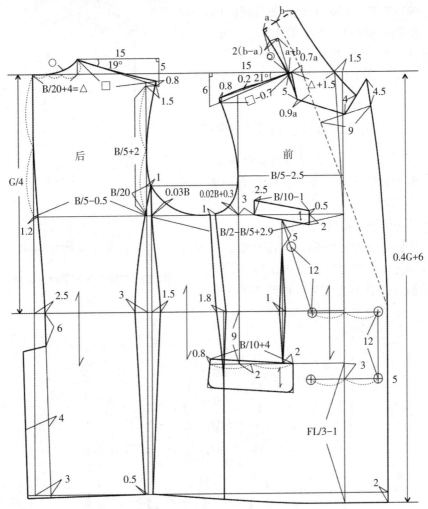

图2.12　双排四粒扣男西装衣身纸样（单位：cm）

（2）双排扣男西装衣领纸样设计

双排扣男西装驳领倒伏量为（a+b）:2(b-a)，a为领座的宽度，b为领面的宽度，无领缺口，戗驳领领角比领子长2.5 cm左右，领角形态较饱满，如图2.12所示。

（3）双排扣男西装衣袖纸样设计

双排扣男西装衣袖为合体两片袖结构，量取衣身袖窿弧线长AH。

袖肥为（B/5-1）cm左右，袖山对角线长度为（AH/2-0.4）cm左右，袖山缩缝量控制在2.5 cm左右。

袖肘线高度为（SL/2+3）cm，袖长为SL。

袖口宽为（B/10+4）cm，袖开衩长10 cm左右（此数据为经验常数），宽2.5 cm。纽扣位置距外袖缝1.5 cm，距袖口3.5 cm，四粒纽扣间距为2 cm。图2.13为双排四粒扣男西装衣袖纸样。

2.1.7 男西装纸样主要部位结构分析

（1）男西装纸样衣身袖窿结构分析

男西装袖窿由三部分弧线组合而成，即前袖窿弧线、后袖窿弧线和腋下袖窿弧线，图2.14为男西装袖窿弧线的组成。

从男西装袖窿整体结构设计看，后袖窿弧分割点A对男西装舒适度的影响较大。通常后袖窿弧分割点A是由袖窿深的一定比例

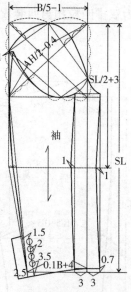

图2.13 双排四粒扣男西装衣袖纸样
（单位：cm）

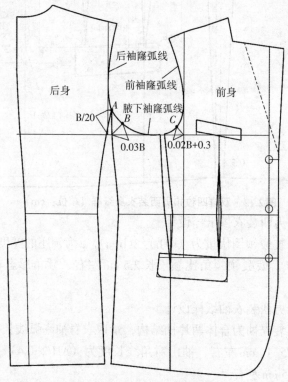

图2.14 男西装袖窿弧线的组成

来确定的，只要袖窿深一定，*A* 点就是一个确定的点。胸围尺寸变化，*A* 点的位置也发生相应的变化。人体体型的不同，袖窿门宽度与袖窿的深浅也会随之变化。当男西装后袖窿弧分割点 *A* 设计位置较高，人体手臂自然下垂时，就会在后腋点处产生堆积，出现斜向褶皱。反之，当 *A* 点设计得位置较低，袖窿在后腋凹入的就较多，会牵制手臂的前伸运动，影响西装袖的运动功能。

为了解决上述弊端，对男西装后袖窿分割点 *A* 的设计，要同时考虑袖窿深浅和袖窿的宽窄。采用公式 *B*/20 来确定后袖窿分割点 *A* 的位置，可以解决不同体型袖窿分割点的调整问题。当胸围尺寸较大时，袖窿门宽度变大，后袖窿深也增大，后袖窿分割点 *A* 的位置偏高；当胸围尺寸较小时，袖窿门宽度变窄，后袖窿深也减小，后袖窿分割点 *A* 的位置偏低。

从男西装袖窿形态结构看，前后袖窿弧线的凹度对男西装衣袖形态和舒适度也有较大影响。后袖窿弧线角平分线上的点 *B*，前袖窿弧线角平分线上的点 *C*，直接影响袖窿弧线的形态。前后袖窿弧线的凹度越小，手臂运动越舒适，但西装袖形态较差。前后袖窿弧线凹度越大，则西装袖形态较好，但手臂向前向后运动功能较差，西装袖舒适性也较差。

为了解决此弊端，对男西装后袖窿角平分线上的点 *B* 采用 0.03B 进行设计，前袖窿角平分线上的点 *C* 采用（0.02B+0.3）cm 进行设计，随着胸围尺寸变化，前后袖窿弧线的凹度也相应发生变化。

（2）男西装纸样衣领结构分析

男西装驳领的内在结构，主要是把握领底线的倒伏量设计。按照一般男西装驳领的结构设计规律，领底线倒伏量通常为［2(b-a)］cm。领角的造型设计具有程式化的特点，驳领角伸出的宽度通常为 3.8 cm 左右，必须大于领角宽 3.4 cm 左右。

从造型上看，驳领角宽度与后领面宽 b 尺寸相似，后领面宽 b 要大于领座宽 a，差量一般为 0.8～1.0 cm。戗驳领和平驳领的尺寸配比类似，也具有程式化的特点。一般戗驳领的领角大于或等于驳领串口线与驳口线所成的夹角，戗驳领角伸出驳领部分通常不小于 2.5 cm。详见图 2.12 双排四粒扣男西装衣身纸样。

在男西装基本纸样的基础上，只要修改某些尺寸，就可以完成驳领的款式变化。例如抬高或降低串口线的位置，就形成了高驳头的扛领和低驳头的垂领造型。调整驳头宽度，就产生了宽窄驳领的变化。改变平驳领缺口角度或戗驳领领角大小，就能实现各种男西装领型的变化。

（3）男西装纸样衣袖结构分析

衣身袖窿是男西装纸样结构的主要内容，根据参数纸样设计的两片袖结构，是男西装衣袖的主要结构。袖山高和袖肥是西装袖的关键因素，采用（B/

5-1) cm左右能很好地控制袖肥的尺寸，利用公式（AH/2-0.4) cm来确定袖山高及袖山缩缝量，有效地解决了男西装袖山弧线与袖窿弧线的吻合问题，同时保证了西装袖的造型。

男西装袖小袖片袖山弧线，即袖山底弧，在设计时，要与袖窿底的形态完全吻合，此种设计使小袖片袖山弧线在成衣中没有长度伸缩，形态也没有发生较大变化，因此，能保证男西装腋下的平整与顺畅。图2.15为袖山弧线与袖窿弧线的吻合效果。

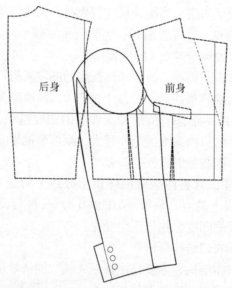

图2.15 袖山弧线与袖窿弧线的吻合效果

2.2 女西装纸样设计及规律

女西装由男西装演变而来，女性从开始穿西装到现在也仅仅一个世纪左右。自20世纪初，一些家庭主妇纷纷走向社会，参加工作的女性越来越多。随着妇女地位的提高，她们纷纷仿效男性穿着潇洒的西装，于是女式西服套装应运而生。女西装一般为上衣下裤或上衣下裙。女式西装受流行因素影响较大，但根本要求合体，能够突出女性体形的曲线美，应根据穿着者的年龄、体型、皮肤、气质、职业等特点来选择款式。

女西装款式也是随着时间的变化而变化的。20世纪40年代，女西装采用平肩、掐腰，下摆较大，在造型上显得优雅而富于女性高雅之美。

到了50年代初期，由原来的掐腰改为松腰身，长度加长，下摆加宽，造型显得稳重而高雅。

到了60年代中后期，女西装则较肥大，直腰，其长度至臀围线。

70年代末期，女西装流行小领和小驳头，腰身较宽，前下摆一般为圆角，造型古朴典雅，并带有浪漫的色彩。

2.2.1 女西装纸样的基本特点

西装在女装中属于中性化服装，女西装的变化较男西装更为多样，虽然式样众多，但总体造型与男西装类似，也以X廓型、H廓型和T廓型为主，充分显示了优雅而富于女性的高雅之美。女西装变化的方面主要在于款式廓型的设计，如肩部、收腰、下摆及肥度长度变化等。

（1）女西装廓型特点

廓型在女装的流行中占有主导地位，廓型制约着服装局部的变化。女西装廓型通常有X廓型、H廓型和T廓型三种基本形式。X廓型属于基本型，X廓型女西装腰部较合体，下摆较大，强调女性腰身的特点；H廓型肩部、腰部和下摆较为适中；T廓型强调肩部造型，臀部和下摆略收紧。在女西装三种基本廓型结构设计中，除了对胸部、腰部和下摆的尺寸处理外，肩部造型的结构也是女西装设计重要的内容。图2.16为女西装廓型种类。

| X廓型 | H廓型 | T廓型 |

图2.16　女西装廓型种类

（2）女西装领型特点

女西装与其他服饰的不同点，也是将领子、驳头两大部分有机地组合在一起，形成西装款式独特的风格。女西装领型也分为平驳领、戗驳领和青果领三大类。平驳领一般用于单排扣女西装，不仅是习惯，也是结构的要求。平驳领标准的领缺口一般为90°左右。戗驳领是在平驳领的基础上，补平了领缺口，并向上挑起一个三角形，常用于双排扣西装，也可用于单排扣西装，给人以成熟与庄重的感觉。青果领多用于单排扣女西装，没有领缺口。图2.17为常见的女西装领型种类。

平驳领　　　　　　　　　　戗驳领　　　　　　　　　　青果领

图2.17　女西装领型种类

（3）女西装大袋特点

袋型在西装流行中主要起烘托作用。女西装通常无手巾袋设计，其大袋主要有双嵌线袋、有袋盖双嵌线袋及明贴袋三种类型。图2.18为女西装大袋的主要类型。

双嵌线袋　　　　　　有袋盖双嵌线袋　　　　　　　　明贴袋

图2.18　女西装大袋主要类型

（4）女西装门襟特点

女西装的门襟也有单排扣和双排扣两种，单排扣通常有一粒、二粒和三粒扣等形式，双排扣有四粒和六粒扣等形式。单排扣女西装追求自然实用的风格，应用较为广泛。双排扣女西装具有复古典雅的风格，常用于制服类西装。图2.19为女西装门襟主要形式。

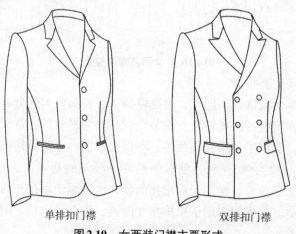

单排扣门襟　　　　　　　　　　双排扣门襟

图2.19　女西装门襟主要形式

（5）女西装开衩特点

女西装的开衩包括后开衩和袖开衩两种。后开衩在女西装流行中实用作用较小，更用于起装饰功能。后开衩通常只有后中缝开衩的形式，且开衩的位置、高低通常配合廓型的变化，因此对整体造型有一定的影响。一般X廓型女西装后中缝开衩较高，高度接近腰线，使X廓型更加突出；T廓型和H廓型女西装，后中缝开衩位置偏低或无开衩。实际上，女西装经常无后开衩结构。如图2.20为女西装后开衩主要形式。

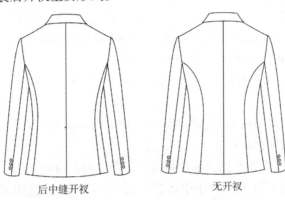

后中缝开衩　　　　　　　　　无开衩

图2.20　女西装后开衩主要形式

女西装袖开衩一般采用形式上真开衩、工艺上假开衩处理，也称真假开衩，主要起装饰作用，也有只采用假袖衩的工艺形式。袖头通常只有三粒纽扣。如图2.21为女西装袖开衩主要形式。

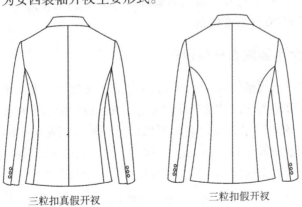

三粒扣真假开衩　　　　　　　　三粒扣假开衩

图2.21　女西装袖开衩主要形式

2.2.2　女西装纸样的尺寸测量

（1）女西装体型测量

女西装的尺寸主要来源于人体测量。结构制图过程中，所用的尺寸主要来自三个方面：一是人体测量得到的尺寸，如身高、胸围、臀围、衣长及袖长等，它是参数化结构设计的关键；二是根据胸围尺寸推算得到的尺寸，如领围、肩宽、胸宽、背宽、下摆宽及袖窿深等；三是根据女西装款式需要来确定的尺寸，如横开领宽、袖口、口袋尺寸等。在上述三方面尺寸中，实际测量人体所得到的尺寸是基础，它直接影响女西装的合体程度及造型效果。

身高：从头顶到地面的距离，用"G"表示。

胸围：从腋下经过胸高点水平围量一周，松紧适宜，用"B_0"表示。

臀围：经过臀部最高点水平围量一周，松紧适宜，用"H_0"表示。

衣长：身着单衣，端坐于凳面上，从颈侧点经胸部量至凳面，或用公式［0.4G+(2~4) cm］来计算，用"DL"表示。

袖长：从肩端点起量，经肘点量至所需长度（一般在手腕和虎口之间），用"SL_0"表示。

肩宽：横量左右两肩端点间的距离，向上略带弧度，用"S_0"表示。

（2）女装国家标准尺寸

《服装号型　女子》国家标准规定，号指人体的身高（G），是设计和选购服装长短的依据。型指人体的胸围或腰围，是设计和选购服装肥瘦的依据。通过胸腰差的计算将女子体型划分四类，即偏瘦体、标准体、偏胖体和胖体，分别用Y，A，B，C表示。

其中，胸腰差为24~19 cm的为偏瘦体（Y），胸腰差为18~14 cm的为标准体（A），胸腰差为13~9 cm的为偏胖体（B），胸腰差为8~4 cm的为胖体（C），这里只研究女性标准体型。

2.2.3　女西装成衣规格设计

女西装的成衣规格较男西装而言较为复杂，主要因为女西装造型通常较为合体。控制部位胸围的尺寸设计最为关键，其加放量的多少直接影响到女西装的造型。考虑流行因素，女西装胸围加放量一般控制在6~16 cm，宽松类女西装胸围加放量一般在11~16 cm，合体类女西装胸围加放量一般在6~10 cm，其他围度尺寸可以由胸围来推算，长度尺寸一般由身高来计算。女西装的成衣规格只要先确定身高（G）、胸围（B）和袖长（SL）的尺寸，其他部位的尺寸可以按照一定的计算公式直接得出。

① 衣长（DL）= 0.4G+(2~4) cm

② 背长（BWL）= G/4－2 cm

③ 袖长（SL）= SL_0+1（垫肩量）cm

④ 领围（N）= B/20+4 cm

⑤ 胸围（B）= B_0+（6～16）cm

⑥ 臀围（H）= B_0+（6～8）cm

⑦ 肩宽（S）=（B/5+1.5）×2 cm

⑧ 袖口（CW）= B/10+4 cm

⑨ 领面宽（b）= 3.5 cm

⑩ 领座宽（a）= 2.8 cm

2.2.4　女西装纸样开身结构设计规律

女西装一般有三种基本结构模式。由于面料及合体程度的差异，不同情况应采用不同的结构模式。前片和侧片相连的六开身结构，适用于H廓型、T廓型或粗纺面料；前片和侧片分开的六开身结构为女西装的常规结构，由于前侧有落地省，对X，H和T廓型都适用，对面料的选择也较为广泛；前片和后身均有刀背缝分割（或公主线分割）的八开身结构，也是女西装的常规结构，适用于X廓型或精纺面料。三种结构模式在外观上存在一定的差别，尤其是六开身结构与八开身结构，其内部结构存在很强的关联性。

四开身是服装结构的基本形式，前片和侧片相连的六开身结构是在四开身基础上变化而来的。后侧缝的位置以背宽线为依据，因为背宽线是后背向侧衣身转折的关键，也是塑型的最佳位置。前侧省的设定，要稍向侧体靠拢，虽然胸宽线也是前衣身向侧衣身转折的关键，但这个位置如果出现结构线，容易破坏前衣身的完整性。

前片和侧片相连的六开身结构（以半身为标准）收腰量后侧缝最大为5 cm左右，前侧缝其次为2 cm左右，后背缝处在第三位为2 cm左右（后背缝收腰量略大于收臀量），胸腰省最小为1 cm左右。这种收腰量的确定强调女西装后背曲线，而前胸的造型也需要这种处理，这已经成为女西装设计的基本规律。

前片和侧片分开的六开身结构为女西装的常规结构，如果强调X廓型，可以在六开身结构的基础上，作收腰和增加下摆处理。所追加的收腰量在后侧缝和前侧缝两处平衡处理，下摆量主要在后侧缝处理。如果强调H廓型和T廓型，收腰量和下摆增加量相对较小。

前片和后身均有刀背缝分割（或公主线分割）的八开身结构，是在四开身结构的基础上，保留四开身的侧缝结构，在后肩胛骨部位和胸高点部位进行刀背缝和公主线分割，通过刀背缝和公主线的设计，使作用于前胸、后背的菱形省变成瘦形省和胖形省的结合，从而增加了前后腰身的曲面形态，更适合于X廓型女西装结构设计。

2.2.5 单排扣六开身女西装纸样结构设计

（1）单排扣六开身女西装衣身纸样设计

这里以 X 廓型、三粒扣六开身为例，号型选用女子标准体型中间体（160/84A）。女西装衣身纸样设计的重点是确定细部结构的参数化公式，这个公式是建立女西装纸样参数化系统数据库的基础。H 廓型、T 廓型六开身纸样结构及其款式变化，在单排扣六开身女西装基础上，做适当的调整即可完成。图2.22为单排扣六开身女西装款式。

图2.22 单排扣六开身女西装款式

①单排扣六开身女西装后衣身结构要点。

女西装后中心线至前中心线的距离为（B/2 + 3.5）cm。

其中，后横开领宽为（B/20+4）cm，后直开领深为后横开领宽的1/3，即〔（B/20+4）/3〕cm。

后背宽的尺寸为（B/5-0.5）cm，向外1.5 cm为肩宽尺寸。

后肩净斜度为20°，包含垫肩量为19°，从肩端点向下（B/5+1）cm确定胸围线，胸围线向上 B/20 cm为后袖窿点高度。

后腰节长为（G/4-2）cm，后衣长为〔0.4G+（2~4）〕cm。

后开衩距腰围线5 cm左右。

后中心腰收腰量为1.5 cm左右，收臀量为1 cm左右。

后侧缝收腰量为1.5 cm左右，其大小直接影响女西装后侧身的贴体程度。

②单排扣六开身女西装前衣身及前侧身的结构要点。

女西装前衣身及侧衣身的宽度为（B/4+B/4+1）-（B/5-0.5）+1=（B/2-B/5+2.5）cm。

合体类女西装前衣身上平线比后衣身上平线抬高0~1 cm，宽松类女西装前衣身上平线比后衣身上平线降低0.5~1 cm。

女西装前横开领宽度为（B/20+4）cm，也可以加入撇胸量1 cm左右。前肩净斜度为21°，包含垫肩量为20°，前肩线长度比后肩短0.5 cm。

前胸宽为（B/5−2）cm，前身胸围线、腰围线与后衣身位置相同，前衣长为（0.4G+7）cm左右。

女西装前袖窿角平分线长度为（0.02B+0.4）cm，后袖窿角平分线长度为0.03B cm，这两个尺寸的大小直接影响着女西装袖窿弧的形态。

大袋的高低位置位于腰围线向下6~8 cm处，大袋宽中点为胸宽线向前2 cm处，袋宽为（B/10+4）cm。

单排扣女西装最下侧纽扣位置位于大袋位置上下，纽扣间距通常为9~10 cm，最上侧纽扣向上1.5 cm为驳头止点，驳口线距颈肩点0.7a cm（a为领座的宽度），驳领宽度为7 cm左右。图2.23为单排扣六开身女西装衣身纸样。

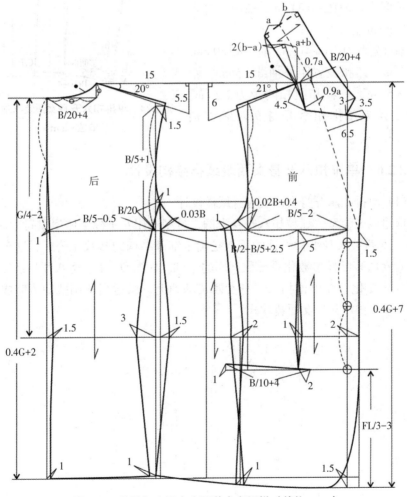

图2.23　单排扣六开身女西装衣身纸样（单位：cm）

（2）单排扣六开身女西装衣领纸样设计

女西装驳领倒伏量为（a+b）：2（b-a），a为领座的宽度，b为领面的宽度，领缺口的角度略小于90°，驳头部分缺口尺寸为3.5 cm左右，领角部位尺寸为3 cm左右。如图2.23所示。

（3）单排扣六开身女西装衣袖纸样设计

量取女西装衣身袖窿弧线长AH。

女西装袖肥为（B/5-2）cm，袖山对角线长度为（AH/2-0.3）cm，袖山缩缝量控制在2 cm左右。

袖口宽为（B/10+4）cm，袖开衩长9 cm，宽2.5 cm。纽扣位置距外袖缝1.5 cm，距袖口3.5 cm，三粒扣纽扣间距为2.2 cm。如图2.24为单排扣六开身女西装衣袖纸样。

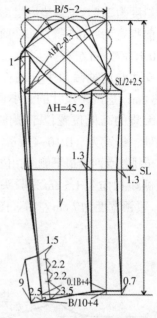

图2.24 单排扣六开身女西装衣袖纸样（单位：cm）

2.2.6 单排扣八开身女西装纸样结构设计

（1）单排扣八开身女西装衣身纸样设计

这里以X廓型、三粒扣八开身为例，号型选用女子标准体型中间体（160/84A）。女西装衣身纸样设计的重点是确定细部结构的参数化公式，这个公式是建立女西装纸样参数化系统数据库的基础。H廓型、T廓型八开身纸样结构及其款式变化，在单排扣八开身女西装基础上，做适当的调整即可完成。图2.25为单排扣八开身女西装款式。

图2.25 单排扣八开身女西装款式

①单排扣八开身女西装后衣身结构要点。

女西装后中心线至侧缝线的距离为（B/4-0.5）cm。

女西装后横开领宽为（B/20+4）cm，后直开领深为后横开领宽的1/3，即〔（B/20+4）/3〕cm。

女西装后背宽的尺寸为（B/5-0.5）cm，向外1.5 cm为肩宽尺寸。

后肩净斜度为20°，包含垫肩量为19°，从肩端点向下（B/5+1）cm确定胸围线。

女西装后腰节长为（G/4-2）cm，后衣长为〔0.4G+（2～4）〕cm。

后中心腰收腰量为1.5 cm左右，收臀量为1 cm左右。

女西装后身刀背分割线应尽量通过后肩胛骨部位，以满足人体突起部位的平复。腰部收省量通常为2.5 cm左右，省道形态采用瘪形省与胖形省相结合的形式，保证腰部的收腰效果。

女西装后侧缝收腰量为1.5 cm左右，它的大小直接影响女西装侧衣身的贴体程度。如果侧缝收腰量过大，会造成西装侧身的不平服，需要在工艺上进行拔开处理。

②单排扣八开身女西装前衣身结构要点。

女西装前中心线至侧缝线的距离为（B/4+0.5）cm。

合体类女西装前衣身上平线比后衣身上平线抬高0～1 cm，宽松类女西装前衣身上平线比后衣身上平线下落0.5～1 cm。

横开领宽为（B/20+4）cm，也可以加入撇胸量1 cm左右。

前肩净斜度为21°，包含垫肩量为20°，前肩线长度比后肩短0.5 cm。

前胸宽为（B/5-2）cm，胸围线、腰围线与后衣身位置相同，前衣长为（0.4G+7）cm。

女西装前身刀背分割线应可能通过胸高点部位，以满足人体女性胸部的形态。腰部收省量通常为2.5 cm左右，省道形态采用瘪形省与胖形省相结合的形式，保证腰部的收腰效果。

女西装前袖窿角平分线长度为（0.02B+0.5）cm，后袖窿角平分线长度为0.03B cm，这两个尺寸的大小影响着袖窿弧的形态。

女西装前侧缝收腰量为1.5 cm左右，其大小直接影响女西装侧衣身的贴体程度。如果侧缝收腰量过大，会造成西装侧身的不平服，需要工艺上进行拔开处理。

大袋的高低位置位于腰围线向下6～8 cm处，大袋宽中点为胸宽线向前2 cm处，袋宽为（B/10+4）cm。

单排扣女西装最下侧纽扣位置位于大袋位置上下，纽扣间距通常为9～10 cm，最上侧纽扣向上1.5 cm为驳头止点，驳口线距颈肩点0.7a cm（a为领座的宽度），驳领宽度为6.5 cm左右。图2.26为单排扣八开身女西装衣身纸样。

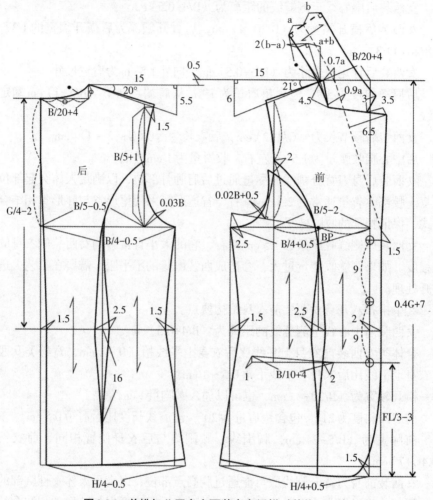

图2.26 单排扣八开身女西装衣身纸样（单位：cm）

（2）单排扣八开身女西装衣领纸样设计

单排扣八开身女西装驳领倒伏量为（a+b）：2(b−a)，a为领座的宽度，b为领面的宽度，领缺口的角度略小于90°，驳头部分缺口尺寸为3.5 cm左右，领角部位尺寸为3 cm左右。如图2.26所示。

（3）单排扣八开身女西装衣袖纸样设计

量取女西装衣身袖窿弧线长AH。

女西装袖肥为（B/5−2）cm，袖山对角线长度为（AH/2−0.3）cm，袖山缩缝量控制在2 cm左右。

袖肘线高度为SL/2+2.5 cm，袖长为SL。

袖口宽为（B/10+4）cm，袖开衩长9 cm，宽2.5 cm。纽扣位置距外袖缝1.5 cm，距袖口3.5 cm，三粒纽扣间距2.2 cm。图2.27为单排扣八开身女西装衣袖纸样。

2.2.7　女西装纸样主要部位结构分析

（1）女西装纸样衣身袖窿结构分析

女西装袖窿弧线由三部分组合而成，即前袖窿弧线、后袖窿弧线和腋下袖窿弧线，图2.28为女西装袖窿弧线的组成。

从女西装袖窿整体结构设计看，后袖窿弧分割点A对女西装舒适度的影响较大。通常后袖窿弧分割点A是由袖窿深的一定比例来确定的，只要袖窿深一定，A点就是一个确定的点，胸围尺寸发生变化，A点的位置也发生相应的变化。

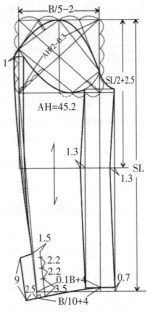

图2.27　单排扣八开身女西装衣袖纸样（单位：cm）

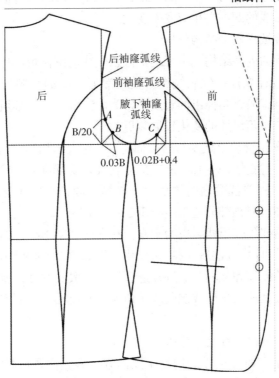

图2.28　女西装袖窿弧线的组成

人体体型的不同，袖窿门宽度与袖窿的深浅也会随之变化。如果女西装后袖窿弧分割点 A 设计位置较高，人体手臂自然下垂时，就会在后腋点处产生堆积，出现斜向褶皱。反之，当 A 点设计得位置较低，袖窿在后腋凹入的就较多，会牵制手臂的前伸运动，影响西装袖的运动功能。

为了解决上述弊端，对女西装后袖窿分割点 A 的设计，要同时考虑袖窿深浅和袖窿的宽窄。采用公式 B/20 来确定后袖窿分割点 A 的位置，可以解决不同体型袖窿分割点的调整问题。当胸围尺寸较大时，袖窿门宽度变大，后袖窿深也增大，后袖窿分割点 A 的位置偏高；当胸围尺寸较小时，袖窿门宽度变窄，后袖窿深也减小，后袖窿分割点 A 的位置偏低。

从女西装袖窿形态结构看，前后袖窿弧线的凹度对女西装衣袖形态和舒适度也有较大影响。后袖窿弧线角平分线上的点 B，前袖窿弧线角平分线上的点 C，直接影响袖窿弧线的形态。前后袖窿弧线的凹度越小，手臂运动相对舒适，但西装袖形态较差。前后袖窿弧线凹度越大，则西装袖形态较好，但手臂向前向后运动功能较差，西装袖舒适性也较差。

为了解决此弊端，对女西装后袖窿角平分线上的点 B 采用 0.03B 进行设计，前袖窿角平分线上的点 C 采用 0.02B+0.4 进行设计，随着胸围尺寸的变化，前后袖窿弧线的凹度也相应发生变化。

（2）女西装纸样衣领结构分析

女西装驳领的内在结构，主要是把握领底线的倒伏量设计。按照一般女西装驳领的结构设计规律，领底线倒伏量通常为 2(b–a)。领角的造型设计也具有程式化的特点，驳领角伸出的宽度通常为 3.5 cm 左右，必须大于领角宽 3 cm 左右。但女西装领角尺寸的变化较男装更为丰富。

从造型上看，驳领角宽度与后领面宽 b 尺寸大体相当，后领面宽 b 要大于领座宽 a，差量一般为 0.8 ～ 1.0 cm。戗驳领和平驳领的尺寸配比类似，也具有程式化的特点。一般戗驳领的领角大于或等于驳领串口线与驳口线所成的夹角，戗驳领角伸出驳领部分通常不小于 2 cm。

女西装领型变化较男西装更为丰富。在女西装基本纸样的基础上，只要修改某些尺寸，就可以完成驳领的款式变化。例如抬高或降低串口线的位置，就形成了高驳头的扛领和低驳头的垂领造型；调整驳头宽度，就产生宽窄驳领的变化；改变平驳领缺口角度或戗驳领领角大小及尺寸，就能实现各种女西装领型的变化。

（3）女西装纸样衣袖结构分析

衣身袖窿是女西装纸样结构的主要内容，根据参数纸样设计的两片袖结构，是女西装衣袖的主要结构。袖山高和袖肥是西装袖的关键因素，采用公式

（B/5-2）cm能很好地控制袖肥的尺寸，利用公式AH/2-0.3来确定袖山高及袖山缩缝量，有效地解决了女西装袖山弧线与袖窿弧线的吻合问题，同时保证了西装袖的造型。

女西装袖小袖片袖山弧线，即袖山底弧，在设计时，应与袖窿底的形态完全吻合，此设计使小袖片袖山弧线在成衣中没有长度伸缩，形态也没有发生较大变化，因此，能保证女西装腋下的平整与顺畅。图2.29为女西装袖山弧线与袖窿弧线的吻合效果。

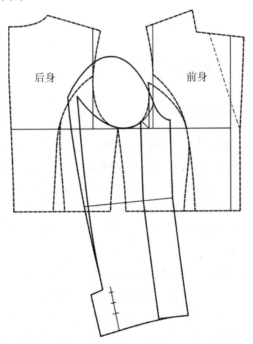

后身　　前身

图2.29　女西装袖山弧线与袖窿弧线的吻合效果

3

参数化西装纸样设计数学模型的构建

3.1 参数化纸样设计的思想

3.1.1 参数化设计的概念

参数化设计（parametric design），也叫尺寸驱动（dimension-driven），是用一组参数来定义几何图形的尺寸数值并约定尺寸关系，提供给设计者进行几何造型。参数的求解过程较简单，参数与设计对象的控制尺寸有对应关系，设计结构的修改需受到尺寸驱动的影响[13]。利用参数化设计可以大大地提高设计和修改的速度，无论重复多少次，设计所用的时间仅为或接近一次设计所用的时间。

国内外学者对参数化设计做了大量的研究，目前，参数化技术大致可分为基于几何约束的数学方法、基于几何原理的人工智能方法、基于特征模型的造型方法等三种方法。其中，数学方法又分为初等方法和代数方法。初等方法利用预先设定的算法，求解一些特定的几何约束。这种方法简单、易于实现，但仅适用于只有水平和垂直方向约束的场合；代数方法将几何约束转换成代数方程，形成一个非线性方程组。该方程组求解较困难，因此实际应用受到限制。人工智能方法是利用专家系统，对图形中的几何关系和约束进行理解，运用几何原理推导出新的约束，这种方法的速度较慢，交互性不好。特征造型方法是三维实体造型技术的发展，目前还在不断完善之中。

服装纸样是由一系列的点、线构成的，可以看成一系列几何元素的叠加，利用参数化设计就是用一组参数约束纸样的一组结构尺寸序列。参数与纸样的控制尺寸存在某种对应关系，当赋予参数不同的数值时，就可驱动原纸样变成新纸样。因此利用这种方法开发的服装纸样计算机辅助设计软件，可以将纸样设计师从大量繁重而琐碎的绘图工作中解脱出来，明显地提高设计效率，减少重复性信息的存储。

　　服装纸样设计软件开发是建立在参数化设计的理论基础之上的，因为参数化设计的基本要素是参数、基于型体的设计和统一的数据库，它属于一次性设计，符合服装纸样设计一个款式多种号型的要求，并以达到平面图形为立体造型服务的目的。

3.1.2　服装纸样的参数驱动

（1）参数驱动

　　参数化设计的基础是参数驱动，即尺寸驱动。与传统的计算机辅助设计不同之处在于，参数驱动可以通过参数重新赋值达到变更设计的目的。这就意味着设计人员一开始可以设计草图，然后进行参数化说明，来完成设计的细节。

　　参数驱动是基于对图形数据的操作。通过这种机制，可以对图形的几何数据进行参数化修改，在修改的同时，还要满足图形的约束条件，需要约束间关联性的驱动手段控制约束联动。

（2）约束联动

　　约束联动是通过约束间的关系实现的驱动方法。对一个图形可能约束十分复杂，数量也很大，而实际由用户控制的，即能够独立变化的参数一般只有几个，称之为主参数或主约束。其他约束可由图形结构特征确定或与主约束有确定关系，称它们为次约束[14]。对主约束是不能简化的，而对次约束的简化可以有图形特征联动和相关参数联动两种方式。

　　所谓图形特征联动就是保证在图形拓关系不变的情况下，对次约束的驱动，即保证连续、相切、垂直及平行等关系不变。反映到参数驱动过程就是要根据各种几何相关性准则去判识与被动点有上述拓扑关系的实体及其几何数据，在保证原关系不变的前提下，求出新的几何数据，称这些几何数据为从动点。这样，从动点的约束就与驱动参数有了联系。驱动机制的作用范围得以扩大。依靠这一联系，从动点得到了驱动点的驱动，使得驱动机制的作用范围得以扩大。

　　所谓相关参数联动就是建立次约束与主约束在数值和逻辑上的关系，在参数驱动过程中，始终要保持这种关系不变。相关参数的联动方法使某些不能用拓扑关系判断的从动点与驱动点建立了联系。使用这种方式时，常引入驱动树，即以建立主动点、从动点等之间的约束关系的树形表示，便于直观地判断图形的驱动与约束情况。

　　参数驱动实际上是基于对图形数据的一种操作，因此，绘制一幅服装结构图的过程就是在建立一个参数模型。绘图系统将服装图形映射到图形数据库中，设置出图形实体的数据结构，参数驱动时，将这些服装结构中填入不同内容，以生成所需要的服装纸样图形[21]。

参数驱动可以看作沿驱动树操作数据库内容，不同的驱动树，决定了参数驱动不同的操作。由于驱动树是根据参数模型的图形特征和相关参数构成的，因此绘制参数模型，即服装结构图时，有意识地利用图形特点，并根据需要标注相关参数。这样，就能在参数驱动时，把握对数据库的操作，以控制图形的变化。服装结构设计人员不仅可以定义服装图形结构，而且能控制参数化过程，就像用计算机语言编程一样，定义数据、控制程序流程。这种建立图形模型、定义图形结构、控制程序流程的手段也称作图形编程。

（3）图形编程

在图形参数化中，图形编程是建立在参数驱动机制、约束联动和驱动树基础上的。利用参数驱动机制对图形数据进行操作，由约束联动和驱动树控制驱动机制的运行。这与传统的参数化方法有所不同，它不把图形转化成方程、符号等其他表达形式，也不在意绘图过程，而着重于理解图形本身，把图形看作一个参数化的模型，作为与服装结构设计人员"交流"信息的媒介。服装结构设计人员通过图形把设计意图"告诉"参数化程序，参数化程序再返给制图者所需要的图形。它更关心图形数据库的内容，可以边理解，边操作，因此运行起来简洁、明了，实现起来也比较方便。

参数驱动是一种新的参数化方法，其基本特征是直接对数据库进行操作，因此它具有很好的交互性，用户可以利用系统全部的交互功能修改图形及其属性，从而控制参数化过程。参数驱动与其他参数化方法相比较，其方法更具有简单、方便、易开发和使用的特点，可以在现有的绘图系统基础上，进行二次开发。

3.1.3 服装纸样参数类型

在参数化设计系统中，纸样设计人员需要根据服装结构和人体特征来制定设计要求。满足这些设计要求，不仅需要考虑尺寸或结构参数的初值，而且要在每次改变这些设计参数时，维护这些基本关系，也就是按照服装纸样设计特点将参数进行分类。

（1）尺寸参数

尺寸参数也叫规格参数、关键参数，是指服装纸样设计软件中尺寸规格表中各项人体控制部位的尺寸，包括控制人体体型的身高、胸围和腰围的体型尺寸，以及决定服装款式结构的肩宽、衣长、袖长、领宽、袋宽、袋长等款式尺寸。在西装纸样设计系统中，用户在描述完男女西装款式信息后，只需输入不同规格的体型尺寸，就可以获得系统自动测算的参考款式尺寸。用户可以修改参考尺寸，也可以选择某个规格号型作为打板的规格尺寸。

（2）数据参数

数据参数也叫自定义参数，是指设计过程中操作者自行规定的"放量""松量""收量"或尺寸规格表中未能给出的其他尺寸。比如男西装胸围放松量为 10～20 cm，女西装胸围放松量为 8～16 cm；男西装后中缝收腰量为 2.5 cm，女西装后中缝收腰量为 1.5 cm 等。

（3）变量参数

变量参数通常称为图形参数，亦称为自变参数。操作者可将设计对象的长度、宽度或其他属性表示为可变参数加入到注册变量表。一旦注册，无须修改，它会随着注册对象的变化而变化。例如，在设计男西装前肩线时，利用参数变量，可以直接将后肩长度定义为某个变量 BS，在此基础上，减去 0.7 cm 作为前肩点的参数。当后肩线长度发生变化时，BS 值将自动更新，重新计算前肩点位置，并始终保持前后肩线长度的定值差量。再如，设计男西装前胸宽线时，利用参数变量可以直接将后背宽尺寸定义为某个变量 BW，在此基础上，减去 2 cm 作为前胸宽的参数。当后背宽发生变化时，BW 值自动更新，重新计算男西装前胸宽线位置，并始终保持后背宽和前胸宽的定值差量。

（4）复合参数

复合参数是指尺寸参数、数据参数和变量参数这三种简单参数难以表达时，可用数学或逻辑运算符将这些简单参数连接在一起，构成参数表达式。在男女西装纸样设计过程中，经常会使用复合参数来定义，而且这些复合参数直接影响西装的板型效果，例如用"（B/5-0.5）cm"定义后背宽大小，用"（B/20+4）cm"定义后横开领宽度，用"（B/5-1）cm"定义男西装袖肥，用"（SL/2+2.5）cm"定义女西装袖肘线位置等。系统在接收这些复合参数后，会自动将其分解为简单参数进行计算。

（5）造型参数

造型参数是专门针对服装纸样设计领域提出的。纸样设计的过程就是服装造型的过程，如果将参数直接与几何特征相关联，即参数一旦发生改变，受其控制的几何造型就相应地发生改变，将使得服装设计过程变得直观而简单。比如男性后肩斜 19°、前肩斜 21°，女性后肩斜 20°、前肩斜 21°，西装后背冲肩量 1.5 cm 等都属于造型参数，根据人体体型特点，造型参数可以进行调整。

3.1.4　服装纸样参数化绘图的过程

参数化设计绘图是将纸样中的基本特征用一组约束集来描述，这组约束集就是一个设计原型，而约束就是设计绘图原型的参数。参数化设计绘图即事先定义设计绘图原型，只要给定设计绘图的参数，就可以得到一个设计绘图解，这是参数化服装CAD中最常见的约束满足法。

运用参数设计绘图程序进行辅助设计时，纸样的主要尺寸被赋予参数，而其他尺寸是这些参数的函数，并随着这些参数的变化而自动调整，也就是根据参数的不同，计算出纸样中的其他尺寸，然后根据尺寸的约束绘制出纸样图形。图3.1为服装纸样参数化绘图的过程。

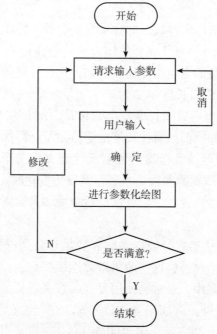

图3.1　服装纸样参数化绘图的过程

用参数化造型进行设计，是纸样参数化自动生成的主导思想。它的原理是系统内部记录了建立各种类型纸样的整个过程。也就是说，它不仅记录了各个纸样关键点的相对位置，而且记录了整个纸样的打板过程，即各条结构线之间的几何关系保持不变[16]。

比如，确定西装后衣片肩点时，以后中心线为起点，以肩宽的1/2为长度作水平线与肩斜线交于一点，即肩点。无论西装肩宽怎样变化，后中心线位置不变，而只是肩点的推出或缩进，从而保证了西装衣片的正确性。

3.2　参数化西装纸样数学模型的构建

约束求解是参数化设计的关键，因此分析几何元素的性质，建立相应的参数模型便成为一个主要问题。对于男女西装纸样设计而言，其结构线条是多种多样的，其实质都是由一些基本几何元素按照一定的连接关系组合而成的。西装纸样在平面上一般都用点、直线、曲线来表示，因此西装纸样二维参数化设计图形的基本元素主要是点、直线和曲线。

（1）点

平面上的一个点P由它的一对坐标$P(x，y)$定义，如图3.2中的点$P_1(x_1，y_1)$及点$P_2(x_2，y_2)$。

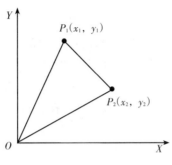

图3.2　点

（2）直线

已知二维空间中的两点$P_1(x_1，y_1)$及$P_2(x_2，y_2)$，如图3.3所示直线。引入参数λ，则直线的参数方程可表示为：

$$\begin{cases} x = x_1 + (x_2 - x_1)\lambda \\ y = y_1 + (y_2 - y_1)\lambda \end{cases} \tag{3.1}$$

式中：$\lambda \in (-\infty，+\infty)$时，方程表示过$P_1$与$P_2$点的无限长的直线；若$\lambda \in [0，1]$，则表示两端点为$P_1$和$P_2$的直线段，点$P(x，y)$必定位于两端点之间。

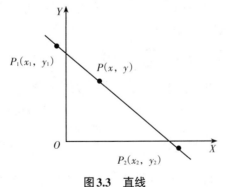

图3.3　直线

（3）曲线

手工绘制纸样图形和计算机辅助制图都要将纸样中的各点依次用光滑曲线连接起来。手工绘制纸样主要是凭经验将这些点连接起来，而计算机辅助设计需要对这些点进行分析处理，并且需要建立参数化数学模型才能解决。

① 三次样条（spline）曲线。

长期以来，绘图员用一根富有弹性的均匀细木条或有机玻璃条，再用压铁将它压在各样本点处，强迫它通过这些点，最后沿这根产生弹性弯曲的细木条或玻璃条画出光滑曲线，称之为样条曲线[15]。

在样条曲线中，分段三次样条曲线的阶次较低，方便计算，因此在服装纸样设计中得到广泛应用，其曲线模型为：

$$P(t) = \sum B_i(t)t^{i-1} \quad (i = 1, 2, \cdots, n) \tag{3.2}$$

在三次样条曲线中，由于每个控制点都在曲线上，改变任何一个控制点只对曲线的局部形状产生影响，因此其局部塑型性比较好，在纸样设计中称之为局部造型曲线。而且曲线上各点切线斜率的连续变化，保证了曲率变化连续，使得所设计的曲线有很好的弹性和圆顺性。图3.4所示为Spline曲线数学模型。

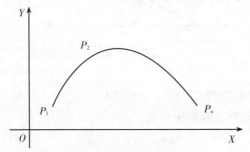

图3.4　Spline曲线数学模型

② 贝赛尔（Bezier）曲线。

样条曲线作为外形设计工具缺少一定的灵活性和直观性。针对这些问题，1971年法国雷诺汽车公司的Bezier提出一种控制多边形设计曲线的新方法。最初，Bezier把参数n次曲线表示为：

$$P(t) = \sum_{i=0}^{n} a_i f_{n,i}(t) \quad (0 \le t \le 1) \tag{3.3}$$

式中 $\boldsymbol{a}_0$ 为特征多边形的首点点矢；$\boldsymbol{a}_i, \boldsymbol{i} \cdots \boldsymbol{n}$ 为特征多边形各边矢量。

$$f_{n,i}(t) = \begin{cases} 1, & i = 0 \\ \dfrac{(-t)^i d^{i-1}}{(i-1)! \, dt^{i-1}} \left[\dfrac{(i-t)^n - 1}{t} \right], & i = 1, 2, \cdots, n \end{cases} \tag{3.4}$$

Forrest，Grodon和Riesenfeld对Bezier方法进行了深入的研究。Forrest发现，处理作为Bezier多边形边的相对矢量不如处理作为顶点的绝对矢量方便，并发现上述Bezier基表示形式，能被改写成现在广泛使用的用控制顶点P_i定义的Bernstein基表示形式：

$$P(t) = \sum_{i=0}^{n} P_i B_{i,n}(t) \quad (0 \le t \le 1) \tag{3.5}$$

式中：$B_{i,n}(t) = C_n^i t^i (1-t)^{n-i} \quad (i = 0, 1, \cdots, n)$.

从20世纪70年代中期开始，国内对Bezier方法开始进行大量的研究。Bezier方法不仅简单实用，而且很好地解决了图形整体形状的控制问题。

设计人员只要移动控制顶点就可方便地修改曲线的形状，且形状的控制在预料之中。由于只有多边形的第一个顶点和最后一个顶点在曲线上，因此在服装纸样设计中只要给出首末两个点，就可绘制出圆顺的曲线。而且改变任何一个控制点的位置都会对整条曲线产生影响，因此Bezier方法整体塑型性比较好，在服装纸样设计中也被称为整体造型曲线[23]。当所有控制点都在曲线同侧时，可作抹圆处理。Bezier曲线的数学模型如图3.5所示。

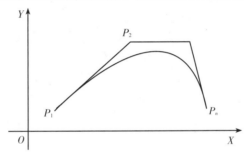

图3.5　Bezier曲线数学模型

Bezier方法在计算机辅助几何设计中占有很重要的地位，它把曲线曲面的设计向前推进了一大步，为曲面造型的进一步发展奠定了坚实的基础。但是Bezier方法仍存在连接问题和局部修改问题，当特征多边形边数较多时，则多边形对曲线的控制减弱。

③ B样条（B-Spline）曲线。

B样条的理论早在1946年就由Schoenberg提出，但是其论文直到1967年才发表。1972年，de Boor和Cox分别独立地给出了关于B样条计算的标准算法。作为在计算机几何设计的一个形状描述的基本方法，是由Gordon与Riesenfeld在研究Bezier方法的基础上引入的。B样条曲线方程可以写为：

$$P(t) = \sum_{i=1}^{n} P_i N_{i,k}(t) \quad (t_k \le t \le t_{n+1}, \ n \ge k) \tag{3.6}$$

其中，$P_i(i=1, 2, \cdots, n)$为控制顶点，其顺序连成的折线称为B样条控制多边形。图3.6所示为B样条曲线数学模型。

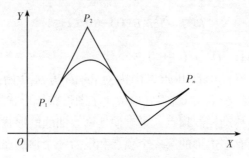

图3.6 B样条曲线数学模型

$N_{i,k}(t)$ $(i=1, 2, \cdots)$, n, 称为k阶规范B样条基函数, 它相应于参数t轴上不均匀分割$T = \{t_j\}_{j=-\infty}^{+\infty}$ 的k阶分段多项式:

$$N_{i, k}(t) = (t_{i+k} - t_i)[t_i, \ t_{i+1}, \ \dots, \ t_{i+k}](x-t)_+^{k-1} \tag{3.7}$$

即截断幂级数 $(t_{i+k} - t_i)(x-t)_+^{k-1}$ 相对于变量x在节点 $t_i, t_{i+1}, \cdots, t_{i+k}$ 处的k阶广义差商。de Boor在1972年和Cox在1971年分别用递推公式得到B样条基函数:

$$\begin{cases} N_{i, l}(t) = \begin{cases} 1, & t \in [t_i, \ t_{i+1}) \\ 0, & \text{其他,} \end{cases} \\ N_{i, k}(t) = \dfrac{t-t_i}{t_{i+k-1} - t_i} N_{ik-1}(t) + \dfrac{t_{i+k} - t}{t_{i+k} - t_{i+1}} N_{i+1, k-1}(t) \end{cases} \tag{3.8}$$

这里规定凡出现0/0的项均为0。

Schoenberg指出B样条具有局部支撑性质, B样条基是多项式样条空间中具有最小支撑的一组基。显然Bezier曲线是B样条曲线的特殊情况, 既拥有Bezier曲线的几何特性, 如几何与仿射不变性、凸包性、保凸性、变差缩减性(V.D.) 等优良性质, 又拥有形状局部可调及连续阶数可调等Bezier曲线所没有的特性, 且具有如Boehm插节点、离散等简单易用的计算方法。

当把节点等距节点时, 不妨设 $t_i = i - 1/2$ $(i = 0, \pm 1, \pm 2, \cdots, \pm n)$, 曲线便成为均匀(uniform)B样条曲线。均匀B样条可以等价地定义为[18]:

$$N_{i, k}(t) = \int_{t-\frac{1}{2}}^{t+\frac{1}{2}} N_{i, k-1}(x)\mathrm{d}x \tag{3.9}$$

其中, $N_{i, k}(t) = \begin{cases} 1, & -\dfrac{1}{2} \le t - i \le \dfrac{1}{2} \\ 0, & \text{其他。} \end{cases}$

三次均匀B样条曲线纸样设计中应用较为广泛。

令 $L = i - k$ 作为曲线段的段序号, 即把定义在整个参数区间 $u \in [u_i, u_{i+1}] = [i-k, i-k+1] = [L, L+1]$ 上那一曲线段称为第1段, 于是得到在局部参数下k次均匀B样条曲线方程:

$$S_L(t) = p(u(t)) = \begin{bmatrix} 1 & t & t^2 & \cdots & t^k \end{bmatrix} M^k \begin{bmatrix} d_L \\ d_{L+1} \\ \vdots \\ d_{L+K} \end{bmatrix} \tag{3.10}$$

$t \in [0,1]$；   。

当 $k=3$ 时，给定控制顶点 $d_i(i=0,1,\cdots,n)$，便得到三次均匀 B 样条曲线方程：

$$S_L(t) = \frac{1}{6}\begin{bmatrix} 1 & t & t^2 & t^3 \end{bmatrix}\begin{bmatrix} 1 & 4 & 1 & 0 \\ -3 & 0 & 3 & 0 \\ 3 & -6 & 3 & 0 \\ -1 & 3 & 3 & 1 \end{bmatrix}\begin{bmatrix} d_L \\ d_{L+1} \\ d_{L+2} \\ d_{L+3} \end{bmatrix} \tag{3.11}$$

对于均匀 B 样条曲线，我们很容易可以得到其离散（subdivision）公式，图 3.7 所示为三次 B 样条曲线的离散。当把节点之间距离缩短一倍，即在每两个相邻节点 t_i, t_{i+1} $(i=0, \pm1, \pm2, \cdots \pm n)$ 之间插入新节点 $t=i$ 时，曲线新的控制多边形可以由旧的控制多边形割角得到：

$$P_i^k = (P_i^{k-1} + P_{i+1}^{k-1})/2 \quad (i=1,\ 2,\ \cdots,\ 2n-k+1;\ k<2) \tag{3.12}$$

$$P_i^2 = \begin{cases} P_{\frac{i+1}{2}}, & i\text{为奇数} \\ \dfrac{P_{\frac{i}{2}} + P_{\frac{i}{2}+1}}{2}, & i\text{为偶数} \end{cases} \tag{3.13}$$

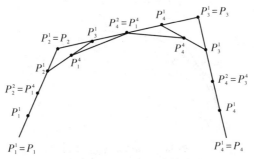

图 3.7　三次 B 样条曲线的离散

Bezier 曲线是通过逼近特征多边形而获得的，虽然保证了较好的整体造型，由于其曲线的阶次由控制点的数量决定，因此要提高曲线的圆顺连续性就必须要增加控制点数量，使得曲线的计算量增加。

B 样条曲线是三次样条曲线和 Bezier 曲线的拓展，其曲线的数学模型如图 3.6 所示。B 样条曲线是局部逼近，修改控制点的位置对曲线的影响只是局部的，它具备了三次样条曲线的局部造型性；同时，它保持了 Bezier 曲线的特性，逼近特征多边形的精度更高。更重要的是，B 样条曲线的基函数的次数与控制点的数量无关，使得它能够具有较好的圆顺性。

④Gamma样条曲线。

1987年，Boehm利用简单的比例关系即仿射变换概念[19]，直接从一个控制多边形构造出G2三次样条曲线，称之为Gamma样条曲线，如图3.8所示。

给定一控制多边形 $P_0 P_1 \cdots P_{n+2}$，一个节点划分 $\Delta: t_0 < t_1 < \cdots < t$，一组形状参数 $\gamma_1, \gamma_2, \cdots, \gamma_{n-1}$，就定义了一条Gamma样条曲线。它的分段Bezier控制顶点可被仿射地给出，内部的Bezier控制顶点为：

$$\begin{cases} b_{3i-2} = \dfrac{\Delta_{i-1} + \gamma_i \Delta_i}{\Delta} P_i + \dfrac{\gamma_{i-1} \Delta_{i-2}}{\Delta} P_{i+1} \\ b_{3i-1} = \dfrac{\gamma_i \Delta_i}{\Delta} P_i + \dfrac{\gamma_{i-1} \Delta_{i-2} + \Delta_{i-1}}{\Delta} P_{i+1} \end{cases} \tag{3.14}$$

其中，$\Delta = \gamma_{i-1} \Delta_{i-2} + \Delta_{i-1} + \gamma_i \Delta_i$。

连接点为：$b_{3i} = \dfrac{\Delta_i}{\Delta_{i-1} + \Delta_i} b_{3i-1} + \dfrac{\Delta_{i-1}}{\Delta_{i-1} + \Delta_i} b_{3i+1}$。

在样条曲线的两端，可以另外规定首末Bezier控制顶点 b_0 和 b_{3n}。

Gamma样条曲线对整体参数 t 来说是 C_1 的。若所有的 $\gamma_1 = 1$，G_2 三次样条曲线就变成 C_2 三次样条曲线。在使用Gamma样条曲线设计时，由设计人员规定一个控制多边形及每边上一对不重合的Bezier控制顶点，然后使系统自动计算形状参数与连接点，这样有时候会更方便。

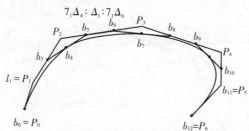

图3.8　Gamma样条曲线

⑤常用曲线模型比较。

对上述常用曲线的外观特点及其在服装纸样设计中的造型性、圆顺性方面进行了比较。

三次样条曲线经过每个控制点，局部造型性好，整体圆顺性好。

Bezier曲线特征多边形首尾点在曲线上，整体造型性好，保持好的圆顺性需增加控制点。

B样条曲线分段逼近特征多边形，局部与整体造型性较好，圆顺性较好。

Gamma样条曲线分段逼近特征多边形，局部与整体造型性均较好，整体圆顺性好。各种曲线特点比较如表3.1所示。

表3.1　各种曲线特点比较

曲线类型	外观特点	造型性	圆顺性
三次样条曲线	曲线经过每个控制点	局部造型性好	好
Bezier曲线	特征多边形首尾点在曲线上	整体造型性好	需增加控制点
B样条曲线	分段逼近特征多边形	局部与整体造型性均较好	较好
Gamma样条曲线	分段逼近特征多边形	局部与整体造型性均较好	好

4

西装纸样模块设计及算法

西装纸样系统分成男西装纸样系统和女西装纸样系统两大模块,男西装纸样系统和女西装纸样系统分别包含三个主要模块,即衣身模块、衣袖模块和衣领模块。三个模块之间,既存在一定的依存关系,又有相对的独立性,可以单独生成。

衣领模块的生成,要依赖衣身模块领口的结构形状和尺寸。衣袖模块与衣身模块密不可分,除了袖山弧线要与袖窿弧线具有尺寸上的吻合外,结构形态的吻合更为重要。

4.1 衣身模块设计及主要曲线算法

4.1.1 衣身模块设计

(1) 男西装衣身模块系统

男西装衣身模块是西装纸样设计的主体,其结构主要包括衣身廓型选择、开身形式、门襟形态、大袋形态、手巾袋形态及开衩形态等部分。

男西装衣身廓型主要有T廓型、H廓型、X廓型三种类型。

男西装开身形式主要有四开身(前片与侧片相连)、六开身(前片与侧片分开)和六开身加腹省三种。

男西装门襟主要有单排扣门襟和双排扣门襟两种形式。其中,单排扣西装常用一粒扣、两粒扣和三粒扣三种形式,双排扣西装通常有四粒扣和六粒扣两种形式。

男西装大袋主要有双嵌线大袋、双嵌线加袋盖和明贴袋三种形式。

男西装手巾袋主要有船头形袋、平行四边形袋和圆角形袋等三种形式。

男西装开衩主要包括后开衩和侧开衩两种形式,也可以采用无开衩形式。如图4.1为男西装纸样衣身模块系统。

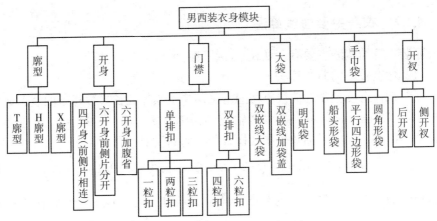

图4.1 男西装纸样衣身模块系统

（2）女西装衣身模块系统

女西装衣身模块是西装纸样设计的主体，其结构主要包括衣身廓型选择、开身形式、门襟形态、大袋形态及开衩形态等部分。

女西装衣身廓型主要也有T型、H型、X型三种类型。

女西装开身形式主要有六开身（前片与侧片分开）、八开身刀背缝分割和八开身公主线分割等三种形式。

女西装门襟主要有单排扣门襟和双排扣门襟两种形式。其中，单排扣西装常用一粒扣、两粒扣和三粒扣三种形式，双排扣西装通常有四粒扣和六粒扣两种形式。

女西装大袋主要有双嵌线大袋、双嵌线加袋盖和明贴袋三种形式。

女西装开衩主要为后开衩形式，也可以采用无开衩形式。如图4.2为女西装纸样衣身模块系统。

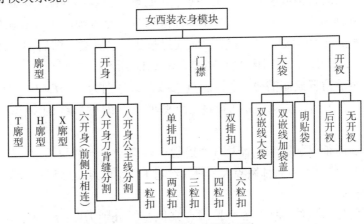

图4.2 女西装纸样衣身模块系统

4.1.2　衣身主要曲线算法

西装衣身结构线主要有弯度较小曲线和弯度较大曲线两种。

（1）弯度较小的曲线算法

西装纸样弯度较小的曲线算法通常采用二次累加弦长参数样条曲线，如图4.3所示。设 $0=t_0<t_1<t_2<\cdots<t_n$ 为参数轴 t 上的分割，$P_i(i=0, 1, 2, \cdots, n)$ 是曲线经过的型值点，二次累加弦长参数样条曲线的向量形式是[21]：

$$P(t)=P_i+a_i(t-t_i)+\frac{1}{2}b_i(t-t_i)^2, t\in[t_{i-0.5}, t_{i+0.5}] \quad (i=0, 1, 2, \cdots, n) \quad (4.1)$$

其弦长 $l_i=|P_{i-1}P_i|$，参数轴上的节点 $t_i=\sum_{i=1}^{i}t_i \quad (i=1, 2, \cdots, n)$；$t_{i-0.5}$ 为半节点，设 $t_{-0.5}=t_0$，$t_{n+0.5}=t_n$，$t_{i+0.5}=\frac{1}{2}(l_i+l_{i+1}) \quad (i=1, 2, \cdots, n)$。

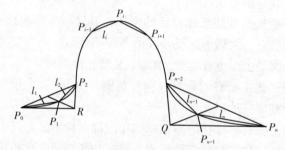

图4.3　二次累加弦长参数样条曲线

在西装衣身纸样设计中，后肩缝、后背中缝、后侧缝、前肩缝、前侧缝及下摆等曲线都属于弯度较小的曲线。纸样曲线设计一般需要3~5个控制点，曲线应都经过这些控制点。

在西装后背中缝绘制中，需用6个控制点（曲线部分需要4个点拟合）来拟合，分别为 A，B，C，D，E，F。曲线部分起始点为后颈点 A 与胸围线的中点 B，终止点为后腰围收腰点 E，曲线经过2个型值点，即后中心线与胸围线的交点 C，胸围线与腰围线的中点 D。如图4.4所示。

西装后肩缝绘制需要3个控制点来拟合，分别为 G，H，I。起点为后颈点 G，终止点为肩端点 I，曲线经过1个型值点，即后肩线的中点 H。如图4.4所示。

西装后袖窿弧线绘制需用3个控制点来拟合，分别为 I，J，K。起始点为肩端点 I，终止点为后袖窿点 K，曲线经过1个型值点，即后肩缝的中点 L。如图4.4所示。

西装后侧缝绘制需用5个控制点来拟合，分别为 K，L，M，N，O。起始点为后袖窿点 K，终止点为后侧缝下摆点 O，曲线经过3个型值点，即后胸围

线与侧缝线的交点 L，腰围线与侧缝线的交点 M，M 与 O 的中点 N。如图4.4 所示。

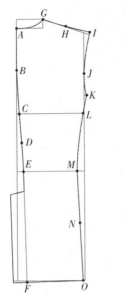 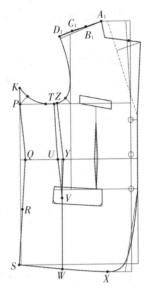

图4.4　西装后衣片弯度较小曲线拟合　**图4.5　西装前衣片弯度较小曲线拟合**

在西装前侧缝绘制中，需用5个控制点来拟合，分别为 K，P，Q，R，S。起始点为后袖窿点 K，终止点为前侧缝下摆点 S，曲线经过3个型值点，即前胸围线与侧缝线的交点 P，腰围线与侧缝线的交点 Q，Q 与 S 的中点 R。如图4.5所示。

西装前身落地省分为两条分割线，是一对功能性分割线。落地省后侧分割线需用4个控制点来拟合，分别为 T，U，V，W。起始点为腋下省点 T，终止点为腋下省下摆点 W，曲线经过2个型值点，即腰围线与腋下省线的交点 U，腋下省尖点 V。如图4.5所示。

前身落地省前侧分割线同样用4个控制点来拟合，分别为 Z，Y，V，W。起始点为腋下省点 Z，终止点为腋下省下摆点 W，曲线经过2个型值点，即腰围线与腋下省线的交点 Y，腋下省尖点 V，其中 T 和 Z，U 和 Y 分别为对应点。如图4.5所示。

西装前肩缝绘制较为复杂，需用4个控制点来拟合，分别为 A_1，B_1，C_1，D_1。起点为前颈点 A_1，终止点为前肩端点 D_1，曲线经过2个型值点，即前肩线两个三分之二点 B_1 点和 C_1 点。如图4.5所示。

（2）弯度较大的曲线算法

西装纸样中弯度较大的曲线算法通常采用三次样条曲线和二次Bezier曲

线，曲线数学模型在第三章第二节中已经介绍。二次 Bezier 曲线的矩阵表达式为：

$$\boldsymbol{P}(t)=\begin{bmatrix} t^2 & t & 1 \end{bmatrix}\begin{bmatrix} 1 & -2 & 1 \\ -2 & 2 & 0 \\ 1 & 0 & 0 \end{bmatrix}\begin{bmatrix} P_0 \\ P_1 \\ P_2 \end{bmatrix} \quad (0<t<1) \qquad (4.2)$$

其中，P_0 为曲线的起点，P_2 为曲线的终点，P_1 为特征三角形的一个顶点。

当 $t=\dfrac{1}{2}$ 时，$P\left(\dfrac{1}{2}\right)=\dfrac{P_1+0.5(P_0+P_2)}{2}$，这表明二次 Bezier 曲线在起点 P_0 处有切矢 P_0P_1，在终点 P_2 处有切矢 P_1P_2，而且，曲线通过特征三角形 $P_0P_1P_2$ 的中线 P_1P_m 的中点 O，二次 Bezier 曲线是一条抛物线，如图 4.6 所示。

从图中看，二次 Bezier 曲线并不是经过所有的型值点，它只始于 P_0 点终止于 P_2 点。

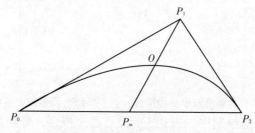

图 4.6　二次 Bezier 曲线

西装衣身纸样中如后袖窿底弧曲线、前袖窿弧曲线、前门襟圆下摆曲线等均属于弯度较大的曲线。

西装后袖窿弧底曲线使用二次 Bezier 曲线拟合需要 3 个控制点，分别为 P_4，P_2，P_3，其中后袖窿点 P_4 为起始点，袖窿最低点 P_2 为终止点，目标点为 P_3。后袖窿上部分曲线则可以用三次样条曲线拟合。如图 4.7 所示。

西装前袖窿底弧曲线使用二次 Bezier 曲线拟合需要 3 个控制点，分别为 P_0，P_2，P_1，其中前袖窿点 P_0 为起始点，袖窿最低点 P_2 为终止点，目标点为 P_1。如图 4.7 所示。

西装前袖窿弧上部分曲线也可使用二次 Bezier 曲线拟合，需 3 个控制点，分别为 P_0，P_6，P_5，其中前袖窿点 P_0 为起始点，肩端点 P_6 为终止点，目标点为 P_5。如图 4.7 所示。

西装前门襟圆下摆曲线可使用二次 Bezier 曲线拟合，需 3 个控制点，分别为 X，Z，Y，其中止口线位于最低一粒纽扣下侧 5 cm 点 X 为起始点，前中线向侧缝方向水平 7 cm 的点 Z 为终止点，目标点为 Y。如图 4.7 所示。

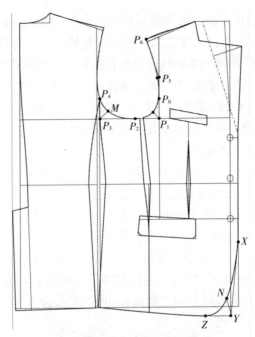

图4.7 西装弯度较大曲线拟合

根据二次 Bezier 曲线特性，拟合弯度较大的曲线需要通过特征三角形中线的中点，也就是要求西装前袖窿底弧曲线通过特征三角形 $P_0P_1P_2$ 中线的中点 O，前袖窿弧上部分曲线通过特征三角形 $P_0P_5P_6$ 中线的中点 Q，后袖窿底弧曲线通过特征三角形 $P_2P_3P_4$ 中线的中点 M，前门襟圆下摆曲线通过特征三角形 XYZ 中线的中点 N。

从图4.8可以看出，按照西装纸样前袖窿的绘制规则，P_0 在胸宽线上，袖窿曲线经过起始点 P_0，并且与胸宽线相切。同样，P_2 在胸围线上，袖窿曲线经过终止点 P_2，与胸围线相切。只要袖窿曲线经过 $\triangle P_0P_1P_2$ 中线的中点 O，就满足二次 Bezier 曲线的要求。通过手工打板得知，前袖窿底弧曲线经过角平分线 2.2～2.5 cm 处，恰好也经过了中点 O。同样，前袖窿曲线的上部分也满足二次 Bezier 曲线。因此，前袖窿底弧曲线可以用二次 Bezier 曲线来拟合。

从图4.8可以看出，按照西装纸样前袖窿的绘制规则，P_0 在胸宽线上，袖窿上部分曲线经过起始点 P_0，并且与胸宽线相切。P_6 位于前肩点，袖窿上部分曲线经过终止点 P_6，并与前肩点和前袖窿深中点的连线相切。只要袖窿曲线经过 $\triangle P_0P_5P_6$ 中线的中点 Q，就满足二次 Bezier 曲线的要求。通过手工打板得知，前袖窿省部分曲线经过角平分线 1 cm 左右，恰好也经过了中点 Q。前袖窿曲线的上部分也满足二次 Bezier 曲线，因此，前袖窿上部分曲线可以用二次 Bezier 曲线来拟合。

从图4.8可以看出，按照西装纸样后袖窿底弧曲线的绘制规则，P_4在后宽线向外1 cm的竖直线上，袖窿底弧曲线经过起始点P_4，并且与该线相切。同样，P_2在胸围线上，袖窿底弧曲线经过终止点P_2，与胸围线相切。只要后袖窿底弧曲线经过$\triangle P_2P_3P_4$中线的中点M，就满足二次Bezier曲线的要求。通过手工打板得知，后袖窿底弧曲线经过角平分线2.7～3.3 cm处，恰好也经过了中点M。同样，后袖窿底弧曲线也满足二次Bezier曲线，因此，后袖窿底弧曲线可以用二次Bezier曲线来拟合。

从图4.8可以看出，按照西装纸样前门襟圆下摆曲线的绘制规则，X在止口线最低扣位向下5 cm和前中线最低点连线上，前下摆曲线经过起始点X，并且与该线相切。Z位于前底摆上距前中线7 cm，前下摆曲线经过终止点Z，并与前底摆线相切。只要前门襟圆下摆曲线经过$\triangle XYZ$中线的中点Y，就满足二次Bezier曲线的要求。通过手工打板得知，前门襟圆下摆曲线经过角平分线3 cm左右，恰好也经过了中点Y。前门襟圆下摆曲线也满足二次Bezier曲线。因此，前门襟圆下摆曲线可以用二次Bezier曲线来拟合。

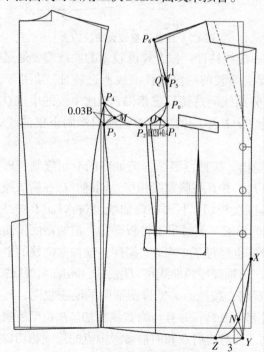

图4.8　西装弯度较大部位曲线分析

60

4.2 衣袖模块设计及主要曲线算法

4.2.1 衣袖模块设计

衣袖模块是西装纸样设计的重点，由于西装袖既要满足功能需求，更要满足造型需求，因此西装袖结构通常采用两片袖结构，根据衣身的贴体程度，衣袖包括合体型衣袖和较合体型衣袖两种形式。男西装袖结构详见图2.13，女西装袖结构见图2.24。

相对于一片袖来说，两片袖的变化较少，造型也较为稳定。其主要变化在于有无袖开衩和开衩高低变化、后袖缝偏量大小及袖口大小等，因此构成了无袖衩模块和有袖衩模块两个基础模块，各种两片袖变化均在此基础上进行。男西装袖通常采用后袖缝不偏移的形式，而女西装袖通常采用后袖缝偏移的处理方式，主要是为了后袖缝不外露，给人以含蓄的美感。图4.9所示为西装衣袖模块。

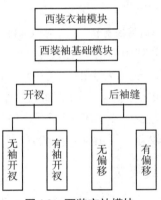

图4.9 西装衣袖模块

衣袖设计需要依据衣身模块的袖窿形态及袖窿尺寸。在衣袖设计中，袖山缩缝量（袖山曲线与衣身袖窿弧线长度的差值）的确定很重要，缩缝量的大小直接影响西装的袖山的造型。

影响袖山缩缝量的因素主要有面料的弹性、面料的厚度、款式特点及工艺形式等。对于常用的西装款式，其袖山缩缝量一般控制在2～4 cm，面料越薄，袖山缩缝量越小；面料越厚，袖山缩缝量越大。不同的绱袖工艺形式，直接影响西装袖山缩缝量的大小。通常，衣袖包衣身的绱袖工艺袖山缩缝量较大，劈缝的绱袖工艺缩缝量较小，而衣身压衣袖的绱袖工艺袖山缩缝量最小。

袖山缩缝量的大小主要通过改变袖山斜线*XY*的长度来调整。*XY*的长度由AH/2+a来确定（a为调整系数），女西装袖a的取值范围为-0.3～0.3 cm，男西装袖a的取值范围为-0.4~0.4 cm。a的取值每增加或减少0.1 cm，袖山缩缝量便增加或减少0.2 cm。图4.10为男西装袖山缩缝量的调节，图4.11为女西装袖山缩缝量的调节。

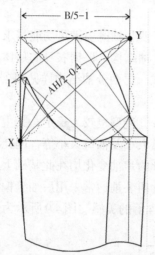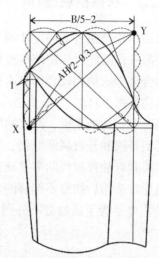

图4.10　男西装袖山缩缝量的调节　　　图4.11　女西装袖山缩缝量的调节

　　在衣袖设计中，袖肥和袖山高的确定最为重要，袖肥和袖山的形态直接影响衣袖的造型和运动功能。袖肥大小由公式B/5-b来确定（b为调整系数），b通常为1~2 cm，男西装袖肥略大，女西装袖肥略小。袖山高与袖肥成反比关系，袖肥越瘦，袖山高就越高，衣袖造型越好，但运动功能越差；袖肥越肥，袖山高就越小，衣袖造型较差，但运动功能较好。如图4.10、图4.11所示。

4.2.2　衣袖主要曲线算法

　　衣袖结构线也有弯度较小曲线和弯度较大曲线两种类型。

　　（1）衣袖弯度较小的曲线

　　在西装衣袖纸样设计中，衣袖大小袖片前袖缝、大小袖片后袖缝和大小袖片袖口等曲线属于弯度较小曲线，弯度较小的曲线算法可以采用二次累加弦长参数样条曲线拟合，也可以采用三次样条曲线拟合。数学模型在衣身曲线算法中已经介绍。

　　弯度较小的曲线采用二次累加弦长参数样条曲线，纸样曲线设计一般需要3~5个控制点，曲线应都经过这些控制点。

　　在西装衣袖大袖片前袖缝绘制中，需用3个控制点来拟合，分别为H，I，J。曲线起始点为大袖片前袖缝最高点H，终止点为大袖片前袖缝袖口点J，曲线经过1个型值点，即后袖肘线与大袖片前袖缝的交点I。如图4.12所示。

在衣袖小袖片前袖缝绘制中，也需用3个控制点来拟合，分别为N，M，K。曲线起始点为小袖片前袖缝最高点N，终止点为小袖片前袖缝袖口点K，曲线经过1个型值点，即后袖肘线与小袖片前袖缝的交点M。如图4.12所示。

在西装衣袖大袖片后袖缝绘制中，需用5个控制点来拟合，分别为A，B，C，D，E。曲线起始点为大袖片后袖缝最高点A，终止点为大袖片后袖缝袖口点E，曲线经过3个型值点，即大袖片后袖缝与袖肥线的交点B、与后袖肘线的交点C、与开衩的交点D。如图4.12所示。

在衣袖小袖片后袖缝绘制中，也需用5个控制点来拟合，分别为G，F，C，D，E。曲线起始点为小袖片后袖缝最高点G，终止点为小袖片后袖缝袖口点E，曲线经过3个型值点，即小袖片后袖缝与袖肥线的交点F、与后袖肘线的交点C、与开衩的交点D。如图4.12所示。

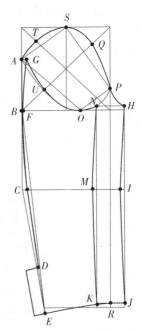

图4.12　衣袖曲线算法的应用

在衣袖大袖片袖口绘制中，需用4个控制点来拟合，分别为J，R，K，E。曲线起始点为大袖片袖口与前袖缝交点J，终止点为大袖片袖口与后袖缝交点E，曲线经过2个型值点，即大袖片袖口与袖偏线的交点R，大袖片袖口与小前袖缝的交点K。如图4.12所示。

在衣袖小袖片袖口绘制中，需用3个控制点来拟合，分别为R，K，E。曲线起始点为小袖片袖口与袖偏线交点R，终止点为小袖片袖口与后袖缝交点E，曲线经过1个型值点，即小袖片袖口与小袖片前袖缝的交点K。也可以由大袖片袖口线直接生成。如图4.12所示。

（2）衣袖弯度较大的曲线

在西装衣袖纸样设计中，衣袖大小袖片袖山弧线则属于弯度较大曲线，弯度较大的曲线通常采用三次样条曲线和二次Bezier曲线来拟合。数学模型在衣身曲线算法中已经介绍。

利用三次样条曲线拟合衣袖纸样弯度较大的曲线，可以依次平滑连接各已知点。当袖山曲线各辅助点确定之后，用三次样条曲线依次连接H，P，Q，S，T，A，能画出圆顺的大袖片袖山弧造型曲线；用三次样条曲线依次连接P，N，O，U，G，能画出圆顺的小袖片袖山弧造型曲线。如图4.12。利用二次Bezier曲线来拟合衣袖弯度较大的曲线，方法同衣身袖窿弧曲线的拟合。

4.3 衣领模块设计及主要曲线算法

4.3.1 衣领模块设计

衣领模块也是西装纸样设计的重点。衣领结构要依据衣身领口的形态进行设计，还要考虑门襟的形态变化。通常，单叠门西装一般采用平驳领结构，也有的单叠门变化款西装采用青果领和戗驳领形式；双叠门西装一般采用戗驳领结构。

平驳领一般有方角平驳领和圆角平驳领两种形式，戗驳领也有尖角戗驳领和圆角戗驳领两种形式，青果领一般有无缺口青果领和有缺口青果领两种形式。图4.13所示为西装衣领模块。

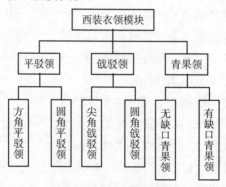

图4.13　西装衣领模块

在西装衣领纸样设计中，驳领倒伏量的确定最为关键。

从驳领的采寸可以看出，驳领角的角度、大小及比例关系属于形式和款式的选择，对结构的合理性不会产生直接的影响，其设计更多体现一种审美要求。而驳领倒伏量的设计，对整个领型的效果产生很大的影响。

由于驳领领面与领座的差通常为 0.8 ~ 1.0 cm，驳领止点的位置胸围线以下 2~10 cm 之间，因此，驳领倒伏量一般为 2 cm 左右。当驳领的相关结构和材料发生变化时，驳领倒伏量也相应发生变化。通常，驳领止点的位置提高，驳领倒伏量增大；驳领止点的位置降低，驳领倒伏量也减小。驳领面与领座之差增大，驳领倒伏量增大；驳领面与领座之差减小，驳领倒伏量也减小。服装面料的材质也影响驳领倒伏量，面料材质越紧密、伸缩性越小，驳领倒伏量越大；相反，面料材质越疏松、伸缩性越大，驳领倒伏量越小。另外，西装有无领缺口结构也影响驳领的倒伏量，领缺口较小或无领缺口时，驳领倒伏量增大；领缺口较大时，驳领倒伏量适当减小。

4.3.2　衣领主要曲线算法

西装衣领通常只有两条曲线，一条为曲线弯度较小的领下口线，可以直接采用三次样条曲线拟合；另一条为曲线弯度较小的领外口线，可以采用二次累加弦长参数样条曲线[21]，也可以采用B样条曲线来实现。平驳领与戗驳领造型的曲线非常相近，因此，平驳领与戗驳领均可以采用同样曲线算法进行拟合。

西装衣领采用B样条曲线设计时，会出现控制点重合共线的多种情况。在这种情况下，曲线将在重合处形成角点，多用于纸样拐角处的设计。

设计西装圆角平驳领时，控制点依次为0，1，2，3，4，5，6，其中点1和点3为抹圆辅助点，0为起始点，6为终止点，2，4，5分别为中间控制点。图4.14所示为B样条曲线圆角驳领的应用。

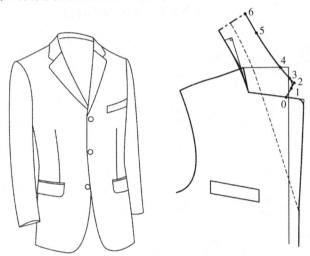

图4.14　B样条曲线圆角驳领的应用

当西装衣领设计成方角平驳领时，利用B样条曲线的性质，在控制点数目不变的情况下，令点1，2，3重合，在2点处形成角点，完成方角平驳领的设计。图4.15所示为B样条曲线方角驳领的应用。

西装戗驳领设计与方角平驳领设计基本一致，曲线弯度较小的领下口线和领外口线，可以直接用三次样条曲线拟合，弯度较大的圆角曲线可以采用B样条曲线进行拟合。图4.16为B样条曲线戗驳领的应用。

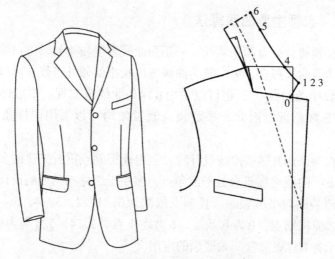

图4.15 B样条曲线方角驳领的应用

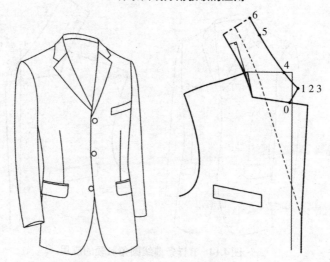

图4.16 B样条曲线戗驳领的应用

5

西装纸样自动生成技术

5.1 西装纸样自动生成系统

样板自动生成的实现是通过把各种不同类型的样板进行归属，对属于同一类的样板构造虚拟样板，并建立其数学模型，然后把它们编成计算机程序。这样，针对不同类型生成了各种各样的图形程序，形成一个图形软件包，再根据用户需求调用几个程序，就能显示生成的图形。当用户操作时，完全不需要了解它的内部程序，只要进行一些简单的鼠标键盘操作：点击按钮、输入数值、按［确认］键，所需的纸样图形就能自动生成。用户可以在电脑界面上进行后续的修改。

系统的整体框架决定该系统最终展现给客户的形式。系统设计的好坏直接影响系统的方便性及实用性。

（1）西装纸样系统框架

西装纸样系统主要由款式组合、尺寸设置、纸样生成及纸样修改四部分组成，纸样完成后可以进行纸样输出。图5.1所示为西装纸样系统框架，图5.2所示为西装纸样自动生成流程。

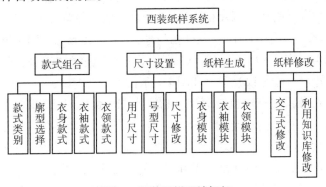

图5.1 西装纸样系统框架

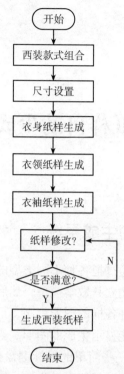

图5.2 西装纸样自动生成流程

（2）款式组合

用户进入西装系统，首先需要完成款式组合。先选择西装类别，确定是男西装还是女西装；然后根据用户需求进行款式组合。款式组合主要采用系统已有款式，这些款式都由系统内部绘制而成，只能由系统维护人员对其进行扩充和修改，用户无法直接参与。

系统款式库中主要包括衣身款式模块、衣袖款式模块和衣领款式模块的组合。男西装衣身款式模块以廓型（T廓型、H廓型、X廓型）为基础，对应开身形式［四开身（前片与侧片相连）、六开身（前片与侧片分开）、六开身加腹省］、门襟形态（单排扣门襟、双排扣门襟）、手巾袋形态（船头形袋、平行四边形袋、圆角形袋）、大袋形态（双嵌线大袋、双嵌线加袋盖、明贴袋）和开衩形态（后开衩、侧开衩）等。如图4.1所示。

女西装衣身款式模块也以廓型（T廓型、H廓型、X廓型）为基础，对应开身形式［六开身（前片与侧片分开）、八开身刀背缝分割、八开身公主线分割］、门襟形态（单排扣、双排扣）、大袋形态（双嵌线大袋、双嵌线加袋盖、明贴袋）和开衩形态（后开衩、无开衩）等。如图4.2所示。

衣袖款式模块通常为两片袖形式，款式变化主要为有无袖开衩、开衩高低变化及后袖缝是否偏移等。如图4.9所示。

衣领款式模块通常选择平驳领和戗驳领两种形式，平驳领一般有方角平驳领和圆角平驳领两种形式，戗驳领也有尖角戗驳领和圆角戗驳领两种形式。如图4.13所示。

用户可通过系统款式库中衣身款式模块、衣袖款式模块和衣领款式模块，逐级查找并进行自由组合，最终确定所需的男西装或女西装款式组合。

（3）尺寸设置

完成款式组合后，用户要输入人体规格尺寸。尺寸表格保存了用户的基本规格信息，包括用户号和用户号型标准、身高、净胸围、净腰围、净臀围。号型标准分为男装和女装，中国男装中间号型为170/88A，女装中间号型为160/84A；尺寸表中的身高尺寸，男装通常为165，170，175，180，185 cm等，女装通常为155，160，165，170，175 cm等。进行批量生产，可按照国家号型标准或用户要求，填写多个规格尺寸。对于量身定做的用户，还可以填写其他相关体型数据，以保证西装可以满足特殊体型的需求。

（4）纸样生成

完成款式组合与尺寸设置后，系统自动生成相应的西装衣身纸样及裁片缝分、剪口、扣位等。根据需要可在控制面板上显示"裁片信息"，在裁片信息面板中可以查看裁片的缩略图，单击右键可获得裁片的属性信息，包括是否显示裁片、是否删除裁片、裁片名称、裁片数量、裁片显示填充式样等。

系统根据西装衣身领口及驳头的形态和规格，选择款式对应的西装领型并自动生成衣领纸样。

系统根据西装衣身袖窿的形态和规格，选择款式对应的西装袖型并自动生成衣袖纸样。

（5）纸样修正

西装纸样生成后，制板人员可以利用系统所提供的修改工具对已生成的纸样进行修改，以保证西装各部位尺寸、形态的吻合。

5.2 西装纸样交互式修改技术

西装纸样自动生成后，纸样设计人员可以利用系统所提供的修改工具对纸样的不足之处进行局部修改，其中最关键的是对点元素的生成方法进行替换，以及对线元素的曲线模式进行修改。

（1）方法替换

西装纸样中每个点的生成都是通过一定的方法和尺寸驱动形成的，不同的方法生成的点具有不同的尺寸约束关系，设置合理的生成方法，有助于提高纸样设计的稳定性。用户可以利用系统中提供的工具，根据"参数调整"面板中的提示进行方法的重设。

例如，随意绘制一个由点连成的矩形，双击任意一点1，在方法列表中显示的是"无方法点"。选择工具，在方法列表中选择"单参考点定点"。此时，会出现"请确定参考点"的提示，需要用户为点1选择一个相对参考点。选择点0，出现提示"确定—按［Enter］，取消—按［Esc］"，表示系统已经完成参考点的定义，提示用户是否确认此次操作。如果确定，系统将自动计算出点1相对点0的X、Y参考值，并将点0和点1建立尺寸约束关系。当点0改变时，点1将产生联动变化。设置过程如图5.3所示。

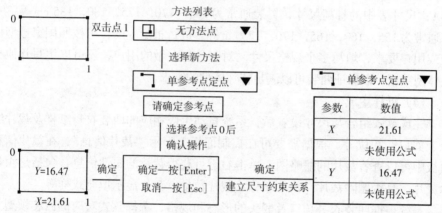

图5.3　方法替换

（2）曲线修改

在西装纸样设计中，曲线的应用较为广泛，也最能体现西装的设计风格。采用不同的曲线算法所生成的曲线在造型控制上有所不同。

例如，最常见的三次样条曲线，由于曲线通过每一个控制点，调整一个点就会实现整条曲线的变化，因此具有较好的整体造型性。但在某些局部设计中，往往要求在整体造型不变的情况下修改某一段曲线的形状，如衣身袖窿弧线和圆角下摆的调整。这种情况就适合采用二次 Bezier 曲线，因为该曲线具有很好的局部造型性，修改局部不会影响曲线的整体形状。

二次 Bezier 曲线表达式为：

$$B(t) = P_0(1-t)^2 + 2P_1(1-t)t + P_2t^2 \quad t \in [0,1] \tag{5.1}$$

将 $w(t) = w_0(1-t)^2 + 2w_1(1-t)t + w_2t^2$ 代入式（5.1），二次有理 Bezier 曲线表示为：

$$R(t) = \frac{w_0 P_0 (1-t)^2 + 2w_1 P_1 (1-t)t + w_2 P_2 t^2}{w_0 (1-t)^2 + 2w_1 (1-t)t + w_2 t^2}$$

$$= \frac{w_0 (1-t)^2}{w(t)} P_0 + \frac{2w_1 (1-t)t}{w(t)} P_1 + \frac{w_2 t^2}{w(t)} P_2$$

(5.2)

$w_0 = w_2 = 1$，$w_1 = w$。当 $w_1 > 1$ 时，二次 Bezier 曲线靠近特征三角形顶点 P_1；当 $w_1 < 1$ 时，二次 Bezier 曲线远离特征三角形顶点 P_1；当 $w_1 = 0$ 时，二次 Bezier 曲线为直线。如图 4.6 所示。

因此，在曲线修改中提供曲线模式转换功能很有必要。在西装纸样参数化设计实现过程中，为每一条曲线设置一个曲线类型变量，并建立曲线关键点数组。当选择某一曲线进行模型转换操作时，计算机自动将曲线的类型赋予新值，并利用相应的曲线模型算法重新计算曲线差值点，生成用户需要的西装曲线形状。

5.3 西装纸样参数化关系模型的建立

5.3.1 西装纸样参数化建模

（1）纸样参数化建模

实现西装纸样参数化设计，首先需要建立西装纸样模板。西装纸样设计以参数化模板为基础，对于相同或相似纸样的设计，只需按照任意规格直接进行设计或在局部上进行调整即可。

西装纸样参数的确定是纸样参数化关系模型建立的前提。纸样中的参数一般分为关键参数、次要参数及常量参数等。不同参数间存在着紧密联系，次要参数可以通过关键参数的数学运算得来，其数值变化一般不做随意修改；常量参数通常是确定后不再变化的参数（特殊体型西装定制可能会有所变化）。

例如，男西装系统中大袋长度的设计公式为 B/10+4，宽度的设计公式为 B/30+1.5，B（胸围）是关键参数，当 B 变化时，会引起大袋长度、宽度公式的变化，从而改变大袋的尺寸。前片胸宽线距前中心线的公式为 B/5-2.5，大袋位置中心点距胸宽线 2 cm，2 为常量参数，当 B 发生变化时，大袋位置中心点也随前胸宽线尺寸的变化而变化，从而实现西装大袋参数化设计。

西装纸样参数确定后，就可以建立纸样参数化关系模型，通过模型生成与参数相对应的纸样尺寸，系统自动将这些尺寸作为设计变量。本书纸样系统中采用的变量计算主要有公式法、基于规则的方法和交互式输入法。公式法变量计算的变量数据类型为数值和点，当变量数据类型为数值时，数值计算公式表示为由关键参数、次要参数等一种或几种参数类型组成的数值计算公式。当变量类型为点时，计算公式由点的横坐标和纵坐标的偏移来实现，系统中交互输入的是变量参数。

（2）尺寸驱动及其表示

平面图形尺寸是由定形尺寸和定位尺寸构成的。定形尺寸是用来标注部位或部件形状的，如直线长度、直线宽度。定位尺寸是用来确定部位或部件之间的相对位置的。

例如，图5.4所示时为男西装大袋参数化模型的定形尺寸和定位尺寸。L_2为大袋长度的定形尺寸，L_6为大袋宽度的定形尺寸，L_1，L_9为大袋的横向定位尺寸，L_8为大袋的纵向定位尺寸，L_3，L_7为双嵌线加袋盖大袋的控制尺寸，胸宽$L_5=L_1+L_9+L_2/2$，$L_4=L_2+L_3$。根据L_1，L_2，L_3，L_6的不同设计变化，可以得到不同形态大袋特征的参数化模型。表5.1为大袋尺寸定义与设计要求表。

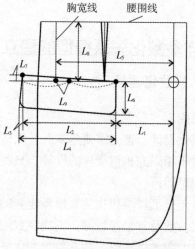

图5.4 男西装大袋参数化模型设计

表5.1 大袋尺寸定义与设计要求表

特征约束		设计要求
位置约束	尺寸约束	
	L_6：设计参数，L_6：被动参数 $L_6=L_6$	大袋盖变窄
大袋中点距胸宽线 的距离 $L_9=2\ cm$	L_2：设计参数；L_3：设计参数 L_4：被动参数 $L_4=L_2+L_3$	双嵌线 加袋盖大袋
	L_6：设计参数，L_6：被动参数 $L_6=L_6$	明贴袋

5.3.2 西装后衣身关系模型的建立

（1）后衣身特殊部位设计

①后身领窝设计。

西装领窝设计需要考虑后横开领和后直开领两个参数，后横开领需测量 SNP（颈侧点）到 BNP（后颈点）所在竖直线的水平长度，后直开领需测量 SNP 到 BNP 所在水平线的垂线长度。

②后身肩部设计。

后身、前身的落肩量有所不同，男性后肩斜度 19°（15:5），女性后肩斜度 20°（15:5.5），也可表示为，后片的落肩量=前片落肩量−1 cm 左右。由于人体肩部呈弓形，且人体后背隆起，向前运动量多于向后的运动量，因此后片肩线比前片略长，通常后肩宽比前肩宽多 0.7 cm 左右。

③后中缝设计。

后中缝曲线是为了贴合人体背部的形态，尤其是满足肩胛骨的突起形态。裁片后中缝肩胛骨部位的突起，通常需要经过工艺归拢处理，将突起部分归平，使后中缝贴近人体，后片肩胛骨部位形成凸起，从而满足了后背凹凸不平的形态。也可以在后中缝领窝处设置 0.3~0.5 cm 的省量。

④后身袖窿弧线设计。

人体后背、肩部的形状特征决定了后袖窿曲线的形态，由男西装肩部特征及背部特征分析可知，后肩端点至后腋点的曲线弧度较小，后肩端点、袖窿弧线与背宽线的切点、袖窿与侧缝的交点（后袖窿点）三点确定了曲线的形态。由男西装制版经验得知，切点位于背宽线上后袖窿深的 1/2 处，后袖窿点距背宽线 1 cm。

（2）西装后衣身参数设计

表 5.2、表 5.3 为男西装后身纸样设计系统中的参数。表 5.2 为男西装后身纸样设计交互输入尺寸说明，表 5.3 为男西装后身纸样设计中复合参数。

表 5.2　男西装后身纸样设计交互输入尺寸说明

交互输入尺寸部位	交互输入尺寸范围	尺寸范围说明
后横开领宽调整数	调整颈侧点到后颈点竖直线的交互值 3~5 cm	标准人体后横开领为 9 cm 左右，依据胸围 B 的尺寸大小进行调整，调整数范围 3~5 cm
后直开领深	颈侧点到后颈点水平线的交互值为 2~3 cm	标准人体后直开领深为 2.5 cm 左右，依据胸围 B 的尺寸大小进行调整，变化范围 2~3 cm
背宽调整数	调整后背宽线位置的交互值为 0~1 cm	标准人体背宽调整数为 0.5 cm，根据胸围 B 的尺寸大小进行调整，变化范围 0~1 cm

表5.2（续）

交互输入尺寸部位	交互输入尺寸范围	尺寸范围说明
后袖窿深调整数	后肩点至胸围线之间的距离交互值1~3 cm	标准人体后袖窿深调整数2 cm，根据上臂粗度进行调整，变化范围1~3 cm
后中缝收腰量	后中缝腰围线处至后中心线的距离2~3 cm	标准人体后中缝收腰量为2.5 cm，根据人体后背弯曲及后身合体程度进行调整，变化范围2~3 cm
后中缝底摆收缩量	后中缝衣长线处至中心线的距离2.5~3.5 cm	标准人体后中缝底摆收缩量为3 cm，根据后背弯曲及下摆合体程度进行调整，变化范围2.5~3.5 cm
后侧缝收腰量	后侧缝腰围处与背宽线的距离2.5~4 cm	标准人体后侧缝收腰量为3 cm，根据西装后腰贴体程度进行调整，变化范围2.5~4 cm
后侧缝下摆收缩量	后侧缝下摆处与背宽线的距离0~1 cm	标准人体后侧缝下摆收缩量为0.5 cm，根据西装后下摆贴体程度进行调整，变化范围为0~1 cm
后衣长调整量	后直开领与后下摆之间的距离交互值4~6 cm	标准人体后衣长调整量为4 cm，根据西装造型要求及穿着者年龄段进行调整，变化范围4~6 cm
后袖窿深量	后肩端点与胸围线之间的距离交互值1~3 cm	标准人体后袖窿深调整量为2 cm，根据人体手臂粗度、西装造型及运动功能要求进行调整，变化范围1~3 cm

表5.3　男西装后身纸样设计中复合参数

参数名称	计算公式
后胸围	B/4+后胸围调整数
后横开领宽	B/20+后横开领宽调整数
后背宽	B/5−后背宽调整数
后袖窿深	B/5+后袖窿深调整数
后衣长	0.4G+后衣长调整数
后腰节长	G/4+后腰节长调整数
后袖窿角平分线长	0.3B+后袖窿角平分线调整数

（3）后身参数化关系模型的建立

根据西装后衣身纸样结构线与人体特征参数间的关系，可以建立男西装后衣身纸样参数化关系模型，如表5.4所示，图5.5为男西装后身参数化纸样。

表5.4　男西装后衣身纸样参数化关系模型

纸样结构线	纸样生成过程
后身基础线	过 O 点画水平线作为后身的纵向起始线（也称基础线或上平线）；过 O 点画竖直线作为后身的横向起始线（也称基础线或后中线）
后领窝线	经 O 点向下（B/60+1）cm画后直开领取点 A_0，经 A_0 点水平向右（B/20+4）cm画后横开领取点 A_{13}，经 A_{13} 向上（B/60+1）cm取后颈侧点 A_{12}，经 A_0，A_{12} 连弧线完成后领窝。

表5.4（续）

纸样结构线	纸样生成过程
后肩线	经A_{12}向右画水平线取15 cm，向下5 cm，作后肩斜线。从O点向右水平量取（S/2）cm，向下作竖直线与后肩斜线相交A_{14}点，交点A_{14}竖直向上0.8 cm为后肩端点A_{11}，弧线连接A_{12}、A_{11}完成后肩线。
背宽线	经A_{11}点左向水平量取1.5 cm的冲肩量取点A_{15}，经A_{15}点向下画竖直线完成背宽线
后袖窿弧线	经A_{15}向下量［(B/5+2)/2］cm取点A_{10}，经A_{15}向下量（B/5+2−B/20）cm取点A_{16}，A_{16}向右水平量1 cm取点A_9为后袖窿点，弧线连接A_{11}、A_{10}、A_9完成后袖窿线
后侧缝线	经A_{15}向下量取（B/5+2）画胸围线，与后中线交于A_{19}点，经A_0向下G/4 cm画腰围线，与后中线交于A_{20}点，交后背宽线于A_{17}，经A_0向下（G/4+9）cm画后衣长线，交后背宽线于A_{18}。A_{17}左量收腰量3 cm取点A_7，A_{18}左量0.5 cm取点A_6，弧线连接A_9、A_7、A_6完成后侧缝线
后下摆线	在A_3A_4上，经A_4向下延长0.2 cm取点A_5，连接A_6、A_5并向左延长4 cm取点A_{23}，完成后下摆线
后背中缝线	A_{19}向右1.2 cm取点A_2，A_{20}向右2.5 cm取点A_3，后中线与后衣长线交点向右3 cm取点A_4，连接A_3、A_4。经A_3在A_3A_4上量6 cm取点A_{21}，A_{21}向左4 cm取点A_{22}，A_{22}作A_3A_4平行线与后下摆线交于A_{23}。过A_{10}向左作水平线与后中线交于A_1，连接A_0、A_1、A_2、A_3、A_{21}、A_{22}、A_{23}完成后背中缝线

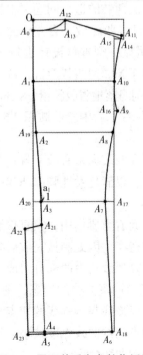

图5.5　男西装后身参数化纸样

5.3.3　西装前衣身关系模型的建立

（1）前衣身特殊部位设计

①前身领窝设计。

西装领窝线是由前颈点（FNP）、后颈点及颈侧点三个参数点连接组成的封闭曲线。前领窝设计需要前横开领和前直开领两个参数，前直开领为由颈侧点到达前颈点所在水平线的垂线的长度，前横开领为左右侧颈点间连线长度的一半。西装属于开门领类型的领型，因此，前领窝设计较简单，对领窝尺寸要求也不是很严格。通常不考虑直开领的深度，而是直接考虑串口线的斜度。

②肩部设计。

后身、前身的落肩量有所不同，男性后肩斜度19°（15∶5），女性后肩斜度20°（15∶5.5）。落肩量也可表示为，前身落肩量=后身落肩量−1 cm左右。由于人体肩部呈弓形形态，并且人体后背隆起，向前运动量多于向后的运动量，因此服装后身肩线比前身肩线略长，通常男西装后肩线比前肩线长0.7 cm左右，女西装后肩线比前肩线长0.5 cm左右。

③胸腰省设计。

省量设计可以很好地解决西装的造型问题。根据人体胸腰差及西装造型需要，T廓型西装注重肩部设计，收腰效果较差，腰省量设计较小；H廓型西装保持筒形形态，收腰也不明显，腰省量设计也较小；X廓型西装收腰效果最好，腰省量设计也最大。对于X廓型西装而言，从前中线至后中线收腰量依次为：前腰收腰量1 cm左右，前身落地省收腰量1.8 cm左右，前侧缝收腰量1.5 cm左右，后侧缝收腰量3 cm左右，后中缝收腰量2.5 cm左右，其中女西装收腰量通常大于男西装收腰量。

公主线女西装和刀背缝女西装通常有腋下省存在，纸样设计时通常将腋下省转移到公主线和刀背缝中，以满足女性胸部凸起的造型。

④袖窿弧线设计。

袖窿弧线在西装设计中起着重要作用，它直接影响西装衣袖造型及衣袖的运动功能，也影响着袖山的造型，因此制板完成后要对袖窿进行修正。无论男西装还是女西装，前身的袖窿弧线均由两部分组成。人体胸部形态、肩部形状特征及手臂运动形式决定了前袖窿曲线的形态，前袖窿弧曲线是由前肩端点、袖窿弧线与胸宽线切点、袖窿弧线与胸围线的切点组成的光滑曲线，其中前肩端点至袖窿弧线与胸宽线切点间的曲线弧度较小，袖窿弧线与胸宽线切点、袖窿弧线与胸围线的切点之间的曲线弧度最大。

（2）前衣身参数设计

西装结构比较稳定，其造型更多体现在细节变化中。西装纸样设计中，影响纸样变化的细节设计多以交互数据的形式进行处理，交互数据可根据穿者体型、胸围尺寸大小及西装款式造型进行选择。表5.5、表5.6为男西装前身纸样设计系统中的参数。表5.5为男西装前身纸样设计交互输入尺寸说明，表5.6为男西装前身纸样设计中复合参数。

表5.5　男西装前身纸样设计交互输入尺寸说明

交互输入尺寸部位	交互输入尺寸范围	尺寸范围说明
前横开领宽调整数	调整颈侧点到前颈点竖直线的交互值3～5 cm	标准人体前横开领宽为9 cm左右，依据胸围B的尺寸大小进行调整，调整数范围3～5 cm
前直开领深	颈侧点到前颈点水平线的交互值4～6 cm	标准人体前直开领深为9 cm左右，西装前直开领只起到部分作用，依据胸围B的尺寸大小进行调整，变化范围4～6 cm
前肩线缩短量	前颈侧点与前肩端点的长度（前肩线）与后肩线的差值0.5～1.0 cm	标准人体前后肩线差值的调整数为0.7 cm，根据肩线形态及面料归拔程度的大小进行调整，变化范围0.5～1.0 cm
前胸宽调整数	调整前胸宽线位置的交互值2～3 cm	标准人体胸宽调整数为2.5 cm，根据胸围B的尺寸大小进行调整，变化范围2～3 cm
前袖窿深调整数	前肩点至胸围线之间的距离交互值1～3 cm	标准人体前袖窿深调整数为2 cm，根据上臂粗度进行调整，变化范围1～3 cm
撇胸量	前上平线与前中线的交点至前横开领之间的距离交互值1～3 cm	标准人体撇胸量调整数为2 cm，根据胸部凸起程度、纽扣数量及面料可归拔程度进行调整，变化范围1～3 cm
前腰收腰量（前腰省量）	前腰省位于腰围线处的收腰量为0.5～1.5 cm	标准人体前腰省收腰为1 cm，根据人体腰围大小及凸起程度进行调整，变化范围0.5～1.5 cm
落地省收腰量	腋下落地省位于腰围线处的收腰量为1.5～3.0 cm	标准人体落地省收腰量为1.8cm，根据人体腰围大小及西装造型要求进行调整，变化范围1.5～3.0 cm
前侧缝收腰量	前侧缝腰围处与侧缝线的距离1～2 cm	标准人体前侧缝收腰量为1.5 cm，根据西装腰部贴体程度及西装造型要求进行调整，变化范围1～2 cm
前侧缝下摆收缩量	前侧缝下摆处与侧缝线的距离-0.5～0.5 cm	标准人体前侧缝下摆收缩量为0 cm，根据西装下摆贴体程度及西装造型要求进行调整，变化范围-0.5～0.5 cm
前衣长调整量	前上平线与前下摆间的距离交互值6～8 cm	标准人体前衣长调整量为6 cm，根据西装下摆圆度、腹部凸起量及造型要求进行调整，变化范围6～8 cm
叠门量	前身止口线与中心线间的距离交互值2～10 cm	标准人体单排扣叠门量为2 cm，双排扣叠门调整量为8 cm，根据单排扣和双排扣西装造型要求进行调整，变化范围2～10 cm
前袖窿深量	前肩端点与胸围线之间的距离交互值1～3 cm	标准人体前袖窿深调整量为2 cm，根据人体手臂粗度、西装造型及运动功能要求进行调整，变化范围1～3 cm

77

表 5.5（续）

交互输入 尺寸部位	交互输入尺寸范围	尺寸范围说明
大袋宽调整量	西装大袋宽度的交互值为 3～5 cm	标准人体大袋宽度调整量为 4 cm，根据西装要求进行调整，变化范围 3～5 cm
双嵌线大袋长调整量	西装双嵌线大袋长度的交互值为 4～6 cm	标准人体双嵌线大袋长度调整量为 5 cm，根据西装造型要求进行调整，变化范围 4～6 cm
大袋位置	西装大袋至腰围线之间的距离为 6～10 cm	标准人体大袋位置调整量为 9 cm，根据西装胸围尺寸及造型要求进行调整，变化范围 6～10 cm
手巾袋宽	西装手巾袋宽度的交互值为 8～11 cm	标准人体手巾袋宽度调整量为 10 cm，根据西装胸围大小及造型要求进行调整，变化范围 8～11 cm
手巾袋长	西装手巾袋长度的交互值为 1.5～2.5 cm	标准人体手巾袋长度调整量为 2.3 cm，根据西装胸围大小及造型要求进行调整，变化范围 1.5～2.5 cm
手巾袋位置	手巾袋至胸围线之间的距离为 0～1.5 cm，手巾袋与胸宽线距离 3～4 cm	标准人体手巾袋位置调整量为前侧 1 cm，侧面 0.5 cm，根据西装胸围尺寸及造型要求进行调整，上下变化范围 0～1.5 cm，左右变化范围 3～4 cm
前下摆底边起翘量	西装后身衣长与前衣长的距离为 1.5～2.5 cm	标准人体前下摆底边起翘调整量为 2 cm，根据西装造型要求及人体腹部凸起量进行调整，变化范围 1.5～2.5 cm
驳领宽	西装驳口线与止口线的宽度为 6～9 cm	标准人体驳领宽调整量为 8 cm，根据西装胸围大小及造型要求进行调整，变化范围 6～9 cm
纽扣间距	单排扣西装纽扣间距为 8～12 cm	标准人体三粒扣纽扣间距调整量为 10.5 cm，根据单排扣、双排扣西装造型要求进行调整，变化范围 8～12 cm

表 5.6　男西装前身纸样设计中复合参数

参数名称	计算公式
前胸围	B/2−B/5+前胸围调整数
前横开领宽	B/20+前横开领宽调整数
前胸宽	B/5−前胸宽调整数
前袖隆深	B/5+前袖隆深调整数
前衣长	0.4G+前衣长调整数
后腰节长	G/4+后腰节长调整数
前袖隆角平分线长	0.02B+前袖隆角平分线调整数
西装大袋宽	B/10+大袋宽调整数

（3）前身参数化关系模型的建立

根据西装前衣身纸样结构线与人体特征参数间的关系，可以建立男西装前衣身纸样参数化关系模型，如表 5.7 所示。图 5.6 为男西装前身参数化纸样。

表5.7 男西装前衣身纸样参数化关系模型

纸样结构线	前身纸样生成过程
前上平线	延长后直开领深线 A_0A_{13} 为前身上平线，交前中心线于 D_{32} 点
胸围线	延长后胸围线 $A_{19}A_8$，从 A_{19} 点起量取（B/5+0.5）cm 至 D_1 点，从 A_{19} 点起量取（B/2+2.2）cm 至 D_{35}，继续量叠门宽 2 cm 至 D_{36}，经 D_{35}、D_{36} 两点分别画前中心线和止口线
腰围线	延长后腰围线 $A_{20}A_{17}$ 为前腰围线，并与交前中心线、止口线相交
衣长线	延长后衣长线 A_4A_{18}，与前止口线交于 D_{41} 点，D_{41} 点向下量翘量 2 cm 取点为 D_{42}，经 D_{42} 点水平线为前衣长线
撇胸线	D_{32} 点向左量 1.5 cm 左右取点 D_{33} 为撇胸点
前横开领宽线	经撇胸点 D_{33} 向左取（B/20+4）cm 画前横开领取点 D_{11}，D_{11} 向右 0.7 cm 底领宽度取点 D_{34} 为翻驳点
前肩线	经前颈肩点 D_{11}，向左画水平线取 15 cm，向下 6 cm，作前肩斜线。从 D_{11} 点沿肩斜线量后肩宽-0.7 取点 D_{37}，D_{37} 点竖直向上 0.8 cm 为前肩端点 D_{12}，弧线连接 D_{11}、D_{12} 完成前肩线
胸宽线	经 D_{35} 点沿胸围线向左量取（B/5-2.5）cm 取 D_{38} 点，经 D_{38} 点画竖直线完成胸宽线
前侧缝线	经 D_1 点画竖直线，向上量取 B/20 cm 为 A_9（D_0）点，向下与前腰围线交于 D_{45} 点，与后衣长线交于 D_{44} 点。D_{45} 向右量取 1.5 cm 收腰量取点 D_2，D_{44} 左量 0～0.5 cm 取点 D_3，弧线连接 A_9、D_1、D_2、D_3 完成前侧缝线
落地省缝线	经胸宽线与胸围线交点 D_{38}，向左量 4 cm 取点 D_{15}，再向左量 1.2 cm 取点 D_{16}，D_{15}、D_{16} 为腋下省开口位置点。D_{15} 向右 1 cm 画竖直线与腰围线交于 D_{39}，与前下摆交于 D_{29}，腰围线向下 11 cm 取点 D_{40}。D_{39} 向右 0.3 cm 取点 D_{30}，D_{30} 左量落地收腰量 1.8 cm 为 D_{31}，分别弧线连接 D_{15}、D_{30}、D_{40}、D_{29}，弧线连接 D_{16}、D_{31}、D_{40}、D_{29} 为落地省缝线
前袖窿弧线	经 D_1 点作后袖窿角平分线，并量取 0.03B cm 取点 D_{17}。经 D_{38} 作前袖窿角平分线，量取（0.02B+0.3）cm 取点 D_{14}。经 A_9 点作水平线与胸宽线交于 D_{13} 点，为袖窿弧与胸宽线切点。以此弧线连接 D_{37}、D_{13}、D_{14}、D_{15}、D_{16}、D_{17}、A_9（D_0）完成前袖窿线
止口圆下摆线	腰围线与止口线交点向下 9 cm 取点 D_6 为大袋高度，D_6 向下 4 cm 为 D_5 点，D_{42} 点左量 2 cm 取点 D_{43}，与 D_5 点连线，D_{43} 左量 4 cm 取 D_4 点，依次弧线连接 D_7、D_6、D_5、D_4、D_{29}、D_3 点，完成止口圆下摆线
翻驳线	经前身颈侧点 D_{11} 向右量 0.7a cm（底领宽）取点 D_{34}，连接最高纽扣位置点 D_7 向上 1.5 cm 为驳头止点 D_8，连接 D_8、D_{34} 完成翻驳即驳口线
串口线	向左距离 0.9a cm（底领宽）作翻驳线 D_8D_{34} 的平行线，以前身颈侧点 D_{11} 为中心向平行线上截取 5 cm 左右为 D_{10} 点，D_{10} 点与 D_{32} 向下 6.5 cm 左右处连线，完成串口线
手巾袋定位线	经胸围线与胸宽线交点 D_{38} 向右 3.5 cm 左右为 D_{18} 点，D_{18} 向右 10 cm 左右为手巾袋长，画竖直线，与胸围线相交，交点向下 1.5 cm 左右为 D_{19}，手巾袋翘度为 1.5 cm 左右
大袋定位线	腰围线向下 9 cm 左右为大袋高度 [（大袋高度也可距前衣长 FL/3-1）cm]，与胸宽线交于 D_{28}，D_{28} 向前 2 cm 为大袋中点，大袋中点向右量取（B/20+2）cm 为大袋前端点 D_{26}，D_{26} 向左量取（B/10+4）cm 为大袋长度，并向上起翘 0.8 cm 为大袋后端点 D_{27}，完成大袋定位线

表 5.7（续）

纸样结构线	前身纸样生成过程
前腰省道线	大袋前端点左量 2 cm 取省尖点 D_{25}，手巾袋位置线中点向下 6 cm 取省尖点 D_{22}，连接 D_{22}，D_{25} 为前腰省中心线，腰省中心线与腰围线相交，分别向两侧0.5 cm 取点为 D_{23}，D_{24}，以此连接 D_{22}，D_{23}，D_{24}，D_{25}，完成前腰省道线
纽扣位置	以单排三粒扣为例，大袋位置线为最低纽扣位置 D_6，距 D_6 点分别量取 10.5 cm 纽扣间距，得到最高纽扣位置 D_7 点，根据西装款式特点及纽扣数量，可适当调整纽扣间距

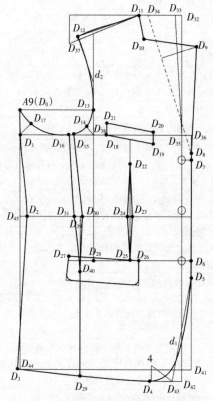

图 5.6 男西装前身参数化纸样

5.3.4 西装衣袖关系模型的建立

（1）衣袖特殊部位设计

①袖山弧线设计。

袖山弧线形态是西装衣袖造型的关键部位。根据人体肩部及袖窿形态分析，为满足西装合体性，西装肩宽越窄，袖窿深就越小，袖窿曲线弧度越大，但袖窿长度越小。通过人体手臂运动功能分析，上臂三角肌形态形成的衣袖的袖山前部弧线饱满圆顺，后部弧线弧度比前部小，袖山弧线形态满足了人体结构特征。

因造型和工艺要求，袖山弧线长度通常比袖窿弧线略长，袖山弧线与袖窿弧线多余量为袖山缩缝量。西装袖山缩缝量根据面料厚度、绱袖形式及运动功能确定，面料越厚缩缝量越大，运动功能越好吃势越大，根据西装缝制经验得知，春秋西装稍薄面料的袖山弧线缩缝量为2.5 cm左右。

②袖缝线设计。

男性前臂前倾角度通常大于女性，这与男女性躯干形态及站姿有关，衣袖设计应满足手臂的弯曲状态。因此男西装前袖缝比女西装前袖缝弯度略大，袖肘凹度约1.5 cm，或袖肘凹度约1 cm，前袖缝袖口向前0.5～1 cm。男西装后袖缝通常采取不偏移设计，主要为了使后袖缝外露，更加显示男西装的线条感。为满足上臂形态及活动，通过小袖片后袖缝上端内弯设计，使男西装衣袖后袖缝肘线以上部位饱满，更便于手臂运动。

③袖口线设计。

由于人体手臂前倾形态，使前臂垂直于腕处的线不是水平线，而是呈前高后低的斜线，因此西装袖口也要设计成具有一定斜度的弧线，根据西装制板经验得知，前袖口通常上提0.5 cm，后袖口通常下落1 cm左右，男西装袖口大小通常为14.5 cm左右。

（2）衣袖参数设计

表5.8、表5.9为男西装衣袖纸样设计系统中的参数。表5.8为男西装衣袖纸样设计交互输入尺寸说明，表5.9为男西装衣袖纸样设计中复合参数。

表5.8　男西装衣袖纸样设计交互输入尺寸说明

交互输入尺寸部位	交互输入尺寸范围	尺寸范围说明
袖肥调整数	袖偏线与后袖缝线之间距离的交互值1～2 cm	标准人体袖肥调整数为1.5 cm，依据胸围B的尺寸大小及上臂粗度进行调整，调整数范围为1～2 cm
袖山高调整数	袖肥线与袖山顶点之间的距离交互值7～9 cm	标准人体袖山高调整数为8 cm，根据袖山造型及上臂粗度进行调整，变化范围为7～9 cm
袖山斜线调整量	袖肥线与袖山高形成的矩形的对角线长度的交互值0～0.5 cm	标准人体春秋季西装袖山斜线调整数为0.3 cm，根据袖山蓬起量及面料厚度进行调整，变化范围为0～0.5 cm
袖肘位置线调整量	袖山高线与袖肘线之间距离的交互值2.5～3.5 cm	标准人体袖肘位置线调整量为3 cm，根据衣袖造型及手臂形态进行调整，变化范围为2.5～3.5 cm
袖口大调整数	袖偏线与后袖缝线之间距离的交互值3.5～4.5 cm	标准人体袖口调整量为4 cm，根据西装胸围尺寸的大小及造型要求进行调整，变化范围为3.5～4.5 cm
袖口倾斜量调整数	前袖口与袖长线距离的交互值为0.5 cm，后袖口与袖长线距离的交互值1～2 cm	标准人体前袖口倾斜量调整数为0.5 cm，后袖口倾斜量调整数为1.5 cm，根据西装袖口大小及手臂前倾量进行调整，后袖口倾斜量变化范围为1～2 cm

表5.8（续）

交互输入尺寸部位	交互输入尺寸范围	尺寸范围说明
袖头纽扣位置调整数	袖口最低扣与袖口之间的距离交互值3.5~4 cm	标准三粒扣西装袖头纽扣位置调整量为3.5 cm，根据西装造型要求及纽扣数量进行调整，变化范围为3~4 cm
袖头纽扣间距调整数	袖头纽扣之间的距离交互值2~3 cm	标准三粒扣西装袖头纽扣间距调整量为2.5 cm，根据袖头纽扣的数量及造型要求进行调整，变化范围为2~3 cm

表5.9 男西装衣袖纸样设计中复合参数

参数名称	计算公式
袖肥	B/5-袖肥调整数
袖山高	B/6+袖山高调整数
袖山斜线	AH/2-袖山斜线调整数
袖肘位置线	SL/2+袖长调整数
袖口大	B/10+袖口调整数

（3）衣袖参数化关系模型的建立

根据男西装衣袖纸样结构线与人体特征参数间的关系，可以建立男西装衣袖纸样参数化关系模型，如表5.10所示。图5.7为依据此关系模型绘制的男西装衣袖参数化纸样。

表5.10 男西装衣袖纸样参数化关系模型

纸样结构线	前身纸样生成过程
衣袖基础线	过O点画水平线作为衣袖的纵向起始线（也称衣袖上平线）；过O点画竖直线作为衣袖的横向起始线（也称袖偏线）
袖肥线	距衣袖横向起始线（袖偏线）(B/5-1) cm画竖直线为袖肥线
袖山高线	经O点向袖肥线上截取(AH/2-0.4) cm为E_7点，其中AH为衣身袖窿弧线长。经$E7$点画水平线E_8E_{12}为袖山高线，基础线与袖山高线之间的距离为袖山高
袖肘线	从衣袖上平线向下量取(SL/2+3) cm画水平线为袖肘线
袖长线	从衣袖上平线向下量取SL画水平线为袖长线
大袖片前袖缝线	袖山高线向上1 cm画短水平线E_1E_{16}，袖偏线向右3 cm袖偏线的平行线，交袖山高线于E_{12}，交袖肘线于E_{20}点，交袖长线于E_{32}点，E_{20}凹入1.5 cm为E_{11}点，袖长线向上0.5 cm画短水平线$E_{10}E_{13}$，依次弧线连接E_1，E_2，E_{11}，E_{10}完成大袖前袖缝线
小袖片前袖缝线	袖山高线向上1 cm画短水平线E_1E_{16}，袖偏线向左3cm画袖偏线的平行线，交袖山高线于E_{15}，交袖肘线于E_{21}点，交袖长线于E_{34}点，E_{21}凹入1.5 cm为E_{14}点，袖长线向上0.5 cm画短水平线$E_{10}E_{13}$，依次弧线连接E_{16}，E_{15}，E_{14}，E_{13}完成小袖前袖缝线
大袖片后袖缝线	将后袖山高五等分，取后袖山高线上2/5等分为E_6点。经袖偏线与袖长线的交点E_{33}向左侧量取(B/10+4) cm为外袖口点E_{31}。延长袖肥线与袖肘线交于E_{22}点，连接E_{31}，E_7，交袖肘线于E_{23}，连接E_{31}，E_{22}，取$E_{22}E_{23}$的中点E_8，依次弧线连接E_6，E_7，E_8，E_{31}完成大袖后袖缝线，并延长1.5 cm至E_9点

表5.10（续）

纸样结构线	前身纸样生成过程
小袖片后袖缝线	经后袖山高线上2/5等分点E_6水平向右量取1 cm，取点为E_{19}，依次弧线连接E_{19}、E_7、E_8、E_{31}完成大袖后袖缝线，并延长1.5 cm至E_9点
大袖片袖口线	依次弧线连接E_{10}、E_{13}、E_9完成大袖片袖口线
小袖片袖口线	弧线连接E_{13}、E_9完成小袖片袖口线
袖山弧线辅助线	将前袖山高四等分，取前袖山高线下1/4等分为E_2点，取OE_{36}的中点为袖上高点E_4，经袖山高点E_4作竖直线交袖肥线于E_{18}点，将$E_{18}E_{35}$三等分，从左至右取1/3等分点E_{17}，取2/3等分点E_{15}，依次直线连接E_2、E_4、E_6、E_{17}成四边形。分别连接E_2、E_{36}，连接E_5、E_6，作E_4E_6的垂线E_5E_{38}，取E_2E_{36}的中点E_3
大袖片袖山弧线	依次弧线连接E_1、E_2、E_3、E_4、E_{39}、E_6，完成大袖片袖山弧线
小袖片袖山底弧线	连接E_{35}、E_{36}，与线段E_2E_{16}交于E_{42}，将线段$E_{42}E_{35}$三等分，取1/3等分点E_{37}，袖山斜线OE_7与线段E_6E_{17}交于E_{41}点，将线段$E_{41}E_7$四等分，取1/4等分点E_{40}，弧线光滑连接E_2、E_{37}、E_{17}点，与线段E_1E_6交于E_{16}点。依次弧线光滑连接E_{19}、E_{40}、E_{17}、E_{16}点，并与直线E_7E_{12}相切，完成小袖片袖山底弧线
大小袖片袖开衩	向后袖缝外侧延长大袖片袖口弧线2.5 cm至E_{26}点，过E_{26}作外袖缝的平行线，向上量取10 cm取点E_{25}，直线连接E_{25}、E_{24}，完成大小袖片袖开衩
袖头纽扣	距外袖缝1.5 cm向袖内作平行线，交袖口线于E_{27}点，距袖口线3.5 cm取点E_{28}为袖头最低纽扣点，以此向上量取2.5 cm，取点E_{29}、E_{30}，点E_{29}为袖头中间纽扣，E_{30}为袖头最上纽扣，完成袖头三粒扣定位

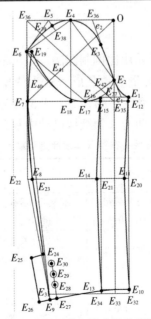

图5.7 男西装衣袖参数化纸样

5.3.5 西装衣领关系模型的建立

（1）衣领特殊部位设计

①领底弧线设计。

领底弧线曲度在西装纸样设计中起着重要的作用。分析西装纸样设计原理得知，西装领底弧线的曲度与人体颈部特征及驳领贴合度有着密切关系，领底弧线的曲度越大，驳领贴合度越好。领底弧线长与后领窝弧线长度相等，与颈侧点至串口线间的折线形态和长度也直接相关。西装领底弧线设计参数主要有后颈点和颈侧点。

②领座高度设计。

领座高度直接影响西装的穿着效果，西装内通常穿着衬衫，要求衬衫领要高于西装领，即衬衫领外露1 cm左右。由于颈椎的特殊性，使颈部的灵活性较好，需要考虑西装驳领上口与颈部的间隙，以满足人体颈部的运动不受影响。因此，在进行西装领纸样设计时，领座的高度通常为2.7 cm左右。

③领面宽度设计。

西装领面即翻领位于领座外侧，领面宽度要求大于领座高度，通常为0.8 cm左右，领面宽度过大会影响后衣身领窝的平复，领面宽度过小会导致领窝线外露，影响西装的美观，因此西装领面宽通常为3.5 cm左右，且领面与领座间松紧适宜。

（2）西装衣领参数设计

西装衣领设计方法通常采用比例制图法，也可采用几何制图和立体制图的方法，衣领纸样设计中的变量参数是以款式为依据进行设计的，表5.11、表5.12为男西装衣领纸样设计系统中的参数。表5.11为男西装衣领纸样设计交互输入尺寸说明，表5.12为男西装衣领纸样设计中复合参数。

表5.11　男西装衣领纸样设计交互输入尺寸说明

交互输入尺寸部位	交互输入尺寸范围	尺寸范围说明
后领窝控制尺寸	后横开领与直开领形成的领窝弧大小9.0～10.5 cm	标准人体后领窝调整数为9.3 cm，依据西装领造型要求进行调整，调整数范围为9.0～10.5 cm
领座调整数	驳领领座宽度的交互值2.5～3.0 cm	标准人体西装驳领领座宽度调整数为2.7 cm，依据西装领造型要求进行调整，调整数范围为2.5～3.0 cm
领面调整数	驳领领面宽度的交互值3.3～3.8 cm	标准人体西装驳领领面宽度调整数为3.5 cm，依据西装领造型要求进行调整，调整数范围为3.3～3.8 cm

表5.11（续）

交互输入 尺寸部位	交互输入尺寸范围	尺寸范围说明
驳领松度 调整数	驳领翻折时需要的松量 范围6.1：1.6~6.8：1.6	标准人体西装驳领松度调整数为6.2：1.6，根据领 面、领座尺寸及其差值进行调整，变化范围为6.1： 1.6~6.8：1.6
前领深折线 调整数	前横开领与串口线形成 的折线交互值4~6 cm	标准人体西装前领深折线调整量为5 cm，根据西 装造型进行调整，变化范围为4~6 cm
串口线延长 距离	驳口位于串口线上的长 度的交互值3.0~4.5 cm	标准人体西装串口线延长距离调整量为3.8 cm， 根据西装领造型进行调整，变化范围为4~6 cm
前领角宽 调整数	西装驳领前领角宽度的 交互值3~4 cm	标准人体西装前领角宽调整量为3.4 cm，根据西 装造型进行调整，变化范围为4~6 cm

表5.12　男西装衣领纸样设计中复合参数

参数名称	计算公式
后领窝弧线	B/20+后领窝弧线调整数
驳领翻松度	(a+b)：2(b-a) a为领座宽，b为领面宽
驳口线	0.7a+驳口线调整数 a为领座宽
领座底弧线	0.9a，a为领座宽

（3）衣领参数化关系模型的建立

根据男西装衣领纸样结构线与人体特征参数间的关系，可以建立男西装衣领纸样参数化关系模型，如表5.13所示。图5.8为依据此关系模型绘制的男西装衣领参数化纸样。

表5.13　男西装衣领纸样参数化关系模型

纸样结构线	前身纸样生成过程
驳口线	从前颈侧点D_{11}向右量取0.7a（领座宽）距离取点D_{34}，连接D_{34}与驳口点D_8，完成驳口线绘制
领座底平行线	从驳口线$D_{34}D_8$向左量取0.9a（a为领座宽）距离，作驳口线的平行线$D_{10}B_2$
前横开领折线	经前颈侧点D_{11}向领座底平行线截取5 cm得到D_{10}点，从前上平线沿中心线向下量取6.5 cm，并与D_{10}点连接，完成串口线，截取驳头宽度8 cm在串口线上交于D_9点
串口线延长距离	从D_9点沿串口线左量3.8 cm得到D_8点，完成驳领串口线延长距离
领座底弧线	驳口线的平行线与前肩线相交于B_1点，从B_1点沿平行线向上量取a+b长度，即领座与领面宽度之和，取点B_2，过B_2作驳口线平行线的垂线，截取2(b-a)长度得到B_3点，连接B_1、B_3点并延长，截取B_3B_4为后领窝弧线长，得到后领中心点B_4，弧线光滑连接D_{10}、B_3、B_4点，完成领座底弧线
领中心线	过后领中心点B_4作领座底弧线的垂线，分别截取领座宽a得到点B_5，再截取领面宽b，得到后领中心点B_6，完成后领中心线

表 5.13（续）

纸样结构线	前身纸样生成过程
前领角线	过串口线延长距离 B_8 点，作线段 B_8B_7，长度为 3.4 cm，并且 $\angle D_9B_8B_7$ 为 80°左右，完成前领角线绘制
领面外口线	过 B_6 作领中心线的垂线，并与前领角点 B_7 光滑弧线连接，完成领面外口线

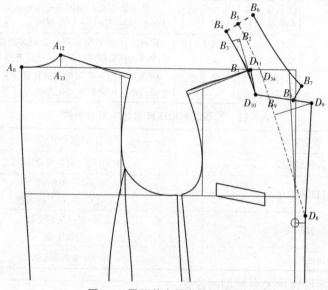

图 5.8　男西装衣领参数化纸样

5.3.6　西装大袋盖关系模型的建立

（1）大袋特殊部位设计

①大袋位置设计。

西装大袋具有重要的功能性和装饰性。大袋的位置通常设计在前衣长的三分之一处，既达到一定的美观效果，也满足手臂插袋的方便性。根据西装大袋设计经验得知，西装大袋口至腰围线的距离通常为 6～10 cm，具体数值可根据衣长来确定，衣长较短，大袋口至腰围线的距离也稍小。

②袋盖圆角设计。

大袋的位置通常与前下摆保持近似平行的状态，袋口前低后高，倾斜量约 0.8 cm，袋盖整体属于梯形形态。标准的西装大袋盖通常采用圆角形设计，与圆下摆相互呼应，具有良好的视觉效果。

（2）标准袋盖参数设计

大袋盖纸样设计中的变量参数是以男西装款式及流行为依据进行设计的，表 5.14、表 5.15 为男西装大袋盖纸样设计系统中的参数。表 5.14 为男西装大袋盖纸样设计交互输入尺寸说明，表5.15为男西装大袋盖纸样设计中复合参数。

表5.14　男西装大袋盖纸样设计交互输入尺寸说明

交互输入尺寸部位	交互输入尺寸范围	尺寸范围说明
大袋盖长度调整数	大袋盖位于西装前后长度的交互值14.5～15.5 cm	标准人体大袋长度调整数为15 cm，依据西装大袋造型要求及手掌宽度进行调整，调整数范围为14.5～15.5 cm
大袋盖宽度调整数	大袋盖位于西装上下的宽度的交互值4.5～5.5 cm	标准人体西装驳领领座宽度调整数为5 cm，依据西装大袋造型及流行趋势进行调整，调整数范围为4.5～5.5 cm
大袋盖翘度调整数	大袋盖前侧与后侧的高度差的交互值0.5～1.2 cm	标准人体西装大袋盖翘度调整数为0.8 cm，依据西装大袋盖造型及流行进行调整，调整数范围为0.5～1.2 cm

表5.15　男西装大袋盖纸样设计中复合参数

参数名称	计算公式
大袋盖长度	B/10+大袋盖长度调整数
大袋盖宽度	B/30+大袋盖宽度调整数

（3）标准大袋盖参数化关系模型的建立

根据男西装标准大袋盖纸样结构线与人体特征参数间的关系，可以建立男西装大袋盖纸样参数化关系模型，如表5.16所示，图5.9为依据此关系模型绘制的男西装大袋盖参数化纸样。

表5.16　男西装大袋盖纸样参数化关系模型

纸样结构线	前身纸样生成过程
大袋盖上口线	作水平线 C_1C_2，长度为（B/10+4.5）cm，左端点 C_2 向上0.8 cm取点 C_3，连接 C_1C_3 为大袋盖上口线
大袋盖右侧线	过大袋盖右端点 C_1，向下作垂直线 C_1C_4，截取长度（B/30+1.5）cm为大袋盖右侧线
大袋盖左侧线	过大袋盖左端点 C_3，向下作垂直线 C_3C_5，截取长度（B/30+1.5）cm取点 C_5，C_5 点向左量0.6 cm取点 C_6，连接 C_3C_6 为大袋盖左侧线
大袋盖下口线	连接大袋盖右侧线下端点 C_4 与大袋盖左侧线下端点 C_6，C_4C_6 为大袋盖下口线
大袋盖前圆弧线	过大袋盖右端点 C_4，向上向左分别量取1.2 cm得到 C_7，C_8 点，过 C_7，C_8 点画圆弧线，完成大袋盖前圆弧线
大袋盖后圆弧线	过大袋盖左端点 C_6，向上向右分别量取1.2 cm得到 C_9，C_{10} 点，过 C_9，C_{10} 点画圆弧线，完成大袋盖后圆弧线

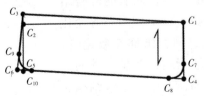

图5.9　男西装大袋盖参数化纸样

5.4 西装部件库的构建

5.4.1 西装纸样的命名及编码

第二部分对西装款式及纸样设计特点进行了分析，它是纸样命名和编码的基础。科学合理的命名可以使纸样具有规范性、唯一性及稳定性。由2.1节和2.2节分析可知，西装款式变化主要体现在细节变化上，款式要素较多，如表5.17所示。

表5.17 西装款式要素

外部轮廓	内部轮廓								
	串口	驳头宽	领型	手巾袋	大袋	下摆	门襟	开衩	衣袖
H廓型	高串口	窄驳头	平驳领	平行四边形	双嵌线	直下摆	单叠门	后开衩	两粒扣
T廓型	正常串口	正常驳头	戗驳领	圆角形	双嵌线加袋盖	圆下摆	双叠门	侧开衩	三粒扣
X廓型	低串口	宽驳头	青果领	船头形	明贴袋			无开衩	四粒扣

通过表5.17各种要素的排列组合，西装可以产生很多的款式形态变化，通过对西装款式要素的分析，确定出最能表现纸样特征的款式要素。纸样的命名及编码要保证纸样容易区分。

根据人体部位的特征和西装结构特征进行归类，将西装纸样部件库分为衣身纸样库（包括前片和后片）、衣袖样板库、衣领样板库、手巾袋纸样库、大袋纸样库等。由于衣身纸样集结的服装款式要素较多，因此，合理的衣身纸样命名更为必要。

（1）部件库纸样的命名

①西装衣身纸样的命名。西装的开身结构、门襟形态、纽扣数量、下摆形态等变化都在前衣身上，因此，研究纸样参数化时，影响西装款式的细节要素需以变量参数的形式进行设计。在母板的命名中，服装结构名称成为区分纸样的要素。如图5.10所示。

```
▲ 配置
  ▲ 部件
    ▲ 衣身
      ┈ 四开身
      ▲ 六开身
          ┈ 前片
          ┈ 后片
      ┈ 加省六开身
      ┈ X型
      ┈ T型
      ┈ H型
    衣袖
      ┈ 两粒扣
      ┈ 三粒扣
      四粒扣
          ┈ 大袖
          ┈ 小袖
```

图5.10 西装衣身样板名称列表

②西装衣袖纸样的命名。西装衣袖的结构比较单一，袖山与袖肥根据西装廓型的变化而变化。衣袖款式主要体现后袖缝是否偏移和袖开衩纽扣数量变化上，袖头纽扣一般有两粒扣、三粒扣和四粒扣三种形式。如图5.10所示。

③西装衣领纸样的命名。西装衣领的变化更为单一，通常根据衣身领口形态及尺寸进行变化。

④西装口袋的命名。男西装口袋按照部件名称可分为手巾袋和大袋，手巾袋形态分为平行四边形手巾袋、船头形手巾袋和圆角形手巾袋，大袋形态分为双嵌线大袋、有袋盖双嵌线大袋和明贴袋。如图5.11所示。

（2）款式库纸样的命名

款式库纸样构建的目的是使纸样设计人员能快速找到所需西装款式并进行纸样设计。款式库的构成是多个具体款式单位的集合，每个款式单位里的服装纸样在母型纸样前提下衍生出子型纸样，子型纸样的集合构成一个西装款式单位。各部件纸样间可以达到相互匹配的要求。如图5.12所示（图中数字为表5.18中要素代码）。

（3）纸样编码

纸样编码是为了纸样的命名更规范和方便存储。纸样编码通常用大写汉语拼音首字母进行编码。纸样编码一般有三层含义：第一层为母型和子型纸样，分别用M、Z代表母型纸样和子型纸样。第二层为部件编码，部件前

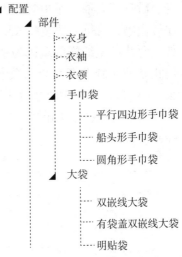

图5.11　男西装口袋名称列表

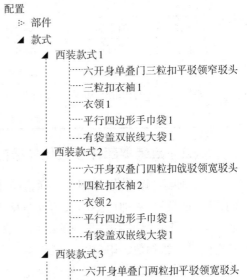

图5.12　男西装款式纸样名称列表

身、后身、衣袖、手巾袋和大袋分别用F，B，X，S和D进行编码。第三层为序号代码，给每一西装款式要素赋予一定的代码，分别使用0～99为代码。例如，西装母型纸样的编码为MF212222（母型前身六开身单门襟两粒扣正常串口正常驳头圆下摆西装，数字从左至右依次为开身、门襟、纽扣、串口、驳头、下摆），MB1（母型后身后开衩），MX2（母型衣袖三粒扣），MS1（母型手巾袋平行四边形手巾袋），MD2（母型大袋双嵌线加袋盖）。如表5.18为西装控制要素编码。

表5.18　西装款式要素编码表

款式要素		要素代码				
		1	2	3	4	5
前身	开身	四开身	六开身	加省六开身		
	门襟	单叠门	双叠门			
	纽扣	一粒扣	两粒扣	三粒扣	四粒扣	六粒扣
	串口	高串口	正常串口	低串口		
	驳头	窄驳头	正常驳头	宽驳头		
	下摆	直下摆	圆下摆			
后身		后开衩	侧开衩	无开衩		
衣袖		两粒扣	三粒扣	四粒扣		
手巾袋		平行四边形手巾袋	圆角形手巾袋	船头形手巾袋		
大袋		双嵌线大袋	双嵌线加袋盖	明贴袋		

5.4.2　西装零部件参数化样板的描述

为方便绘制西装纸样图形，通常应建立西装部件纸样母型，包括衣身母型（前身、后身）、衣袖母型、衣领母型及口袋母型等。

①衣身母型采用六开身的纸样。衣身款式变化主要体现在前身，控制要素有门襟、纽扣数、串口线、驳头宽、下摆等。当改变其中一个或多个元素的尺寸时，纸样图形就会发生相应变化。图5.13所示为第一粒纽扣位置改变时引起纸样驳头的变化。在母型纸样模型参数设计中，从下至上第二粒纽扣的位置控制着西装门襟驳头的变化，以纽扣间距为单位，第二粒纽扣距离第一粒纽扣（通常与大袋同一位置）越远，门襟纽扣数量就增加为三粒扣或四粒扣。

②衣袖的变化。衣袖母型采用两片袖的纸样。衣袖的款式变化单一，主要为后袖缝是否偏移及袖头纽扣数量变化等，衣袖结构与衣身袖窿匹配是衣袖形态及尺寸发生变化的主要原因。图5.14所示为男西装衣袖纽扣位置发生变化

引起的衣袖款式变化。在衣袖母型纸样模型参数设计中，从下至上第三粒纽扣的位置控制着西装袖头纽扣数量的变化，以纽扣间距为单位，第三粒纽扣距离第一粒纽扣（距袖口3.5 cm左右）越近，袖头纽扣数量则减少为两粒扣；第三粒纽扣距离第一粒纽扣越远，袖头纽扣数量增加为四粒扣。

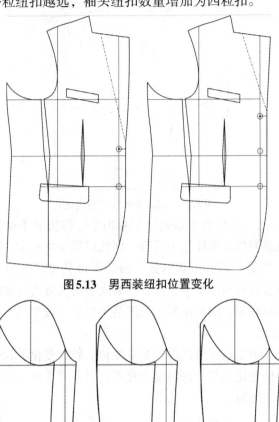

图5.13　男西装纽扣位置变化

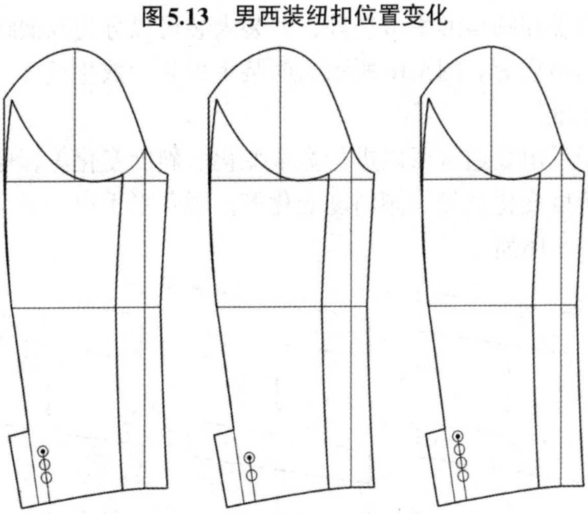

图5.14　男西装衣袖纽扣变化

③ 衣领的变化。衣领母型采用方角领纸样作为母型。衣领的款式变化较小，领角结构与衣身串口及驳头匹配是尺寸发生变化的主要原因。图5.15所示为男西装衣领领缺口角度变化引起的款式变化。在保持领角宽度不变的条件下，增大领缺口角度时，领角点 B（领角点 B 为衣领母型领角度）向 A 点方向变化；减小领缺口角度时，领角点 B 向 C 点方向变化。

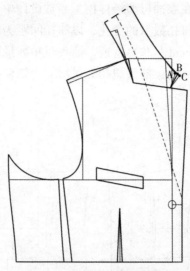

图5.15　男西装衣领领角变化

④ 口袋的变化。男西装手巾袋母型采用平行四边形手巾袋纸样，西装大袋母型采用双嵌线加袋盖纸样作为母型。西装口袋变化较多，因此西装款式变化也比较丰富。根据口袋的形状特征，西装手巾袋可以分为平行四边形手巾袋、船头形手巾袋和圆角形手巾袋等，西装大袋可以分为双嵌线大袋、双嵌线加袋盖大袋及明贴袋等。图5.16所示为西装手巾袋参数化纸样，图5.17所示为西装大袋参数化纸样。

平行四边形手巾袋通常可以进行宽窄变化、斜度变化等，船头形手巾袋可做宽窄变化、斜度变化及船头倾斜度变化等，圆角形手巾袋通常可做宽窄、斜度变化等，如图5.16所示。

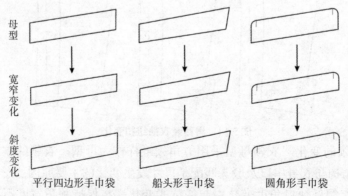

图5.16　西装手巾袋参数化纸样

双嵌线大袋变化较少，一般只有袋牙宽窄的变化；双嵌线加袋盖大袋通常可进行袋盖宽窄变化、斜度变化、袋盖角圆度变化等；明贴袋可以进行宽度、长度、袋口斜度及圆角弧度等相关变化。如图5.17所示。

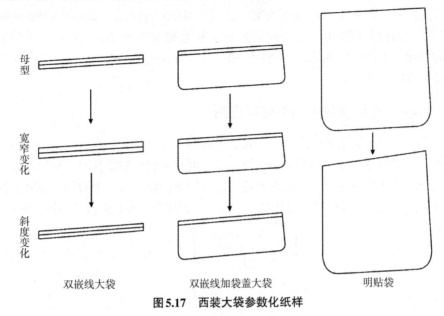

图5.17 西装大袋参数化纸样

5.4.3 西装部件纸样间的关系

西装零部件之间可以定义为层次关系、派生关系和装配关系三种。层次关系是最基本的关系，如零件与零件组成服装部件，部件与部件构成西装成品等；派生关系也称继承关系，如圆角、方角之间的派生关系；装配关系是指西装零部件间的定位、连接关系[20]。

西装零部件之间的关系是选择零部件相关修改的依据。西装零部件之间通过一种或两种关系进行装配，两者间就形成了约束关系。西装装配关系是建立部件间约束关系的基础，是实现西装零部件参数修改的关键。图5.18所示为西装零部件装配关系。

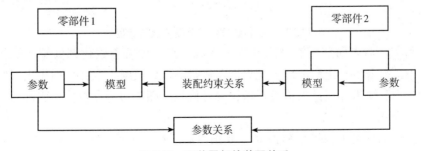

图5.18 西装零部件装配关系

西装零部件间通过相关参数的联动实现零部件的参数化。当一个零部件的参数发生变化时，其他相关参数自动发生相应的变化，并满足选择零部件之间的装配关系。比如，男西装前胸宽线公式为（B/5-2.5）cm（2.5 为前胸宽调整数），当净胸围变化时，男西装胸围（B）尺寸也发生变化，从而引起前胸宽线的位置发生相应的变化，与胸宽线相关联的背宽线、手巾袋位置、大袋位置及腰省位置等均发生变化。

5.4.4　西装参数化部件库的应用

应用西装参数化部件库时，首先选择西装穿着对象，根据人体体型特点及数据，确定部件设计所用的关键参数。进行度身定制西装纸样时，根据纸样编码选择西装纸样，通过交互式数据输入，根据设计要求改变参数值，驱动纸样生成新的纸样，并输出纸样设计结果。图 5.19 为西装参数化部件模块操作流程。

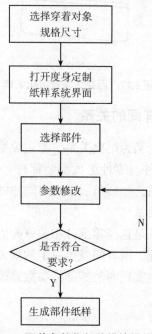

图 5.19　西装参数化部件模块操作流程

例如，对男西装前衣身门襟驳头修改，在"西装参数化部件模块操作流程"中"打开度身定制纸样系统界面"进行参数修改时，会在界面中出现纸样设计知识，供纸样设计人员进行纸样设计修改。图 5.20 为参数变化引起西装前身纸样变化。

进行男西装前身参数修改时，变化参数"扣位 2 至扣位 1"和"驳头宽"，西装门襟纽扣数量和驳头宽会发生变化。从（1）到（2），参数"扣位 2 到扣位 1"的数值由 10 cm 增加到 19 cm，男西装由两粒扣变化到三粒扣形式。参数

"驳头宽"的数值由8 cm减小到6.5 cm，男西装款式由正常驳头变成窄驳头。如图5.20中，（1）到（2）的细节变化要素为门襟纽扣位置的变化及驳头宽的变化。

控制西装串口变化的参数为"前直开领深"，将参数数值由6.5 cm增加到7.5 cm，则男西装串口线由正常串口位置变化为低串口形式。如图5.20中，（1）到（2）到（3）的变化为叠门宽度的变化，控制其变化的参数为"叠门宽"；（1）到（3）的变化为串口的变化，控制其变化的参数为"串口"。

在男西装纸样设计中，可同时对多个部件参数进行修改，以满足个性化西装纸样设计要求。

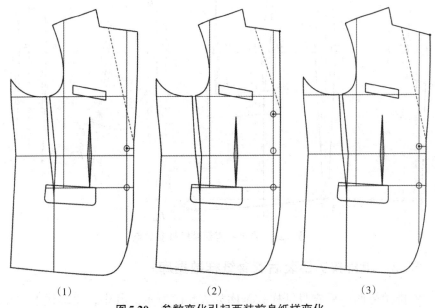

（1）　　　　　　　（2）　　　　　　　（3）

图5.20　参数变化引起西装前身纸样变化

5.5　单排扣男西装纸样参数化设计的实现

5.5.1　单排扣男西装纸样参数点

单排扣男西装纸样参数化设计的关键在于数据库的建立。其中，点划分为两类，一类为轮廓线上的点，另一类为辅助线上的点。每一个点明确交代了上一点序号、下一点序号和下二点序号，如图5.21所示。衣身和衣袖部分分别建立坐标系，数据库按照单排扣男西装纸样的结构规律给出了每一点的二维坐标，这些点的坐标都由单排扣男西装纸样的主要部位参数B（胸围）、B_0（净胸围）、G（身高）及SL（袖长）等表示。

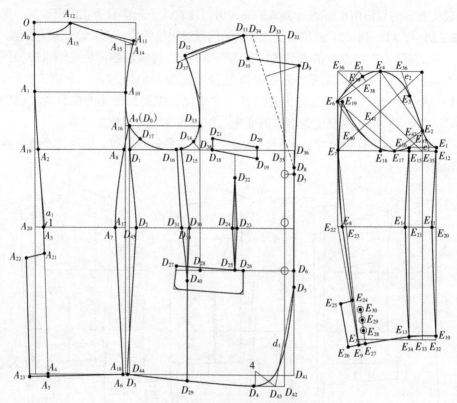

图 5.21　单排扣男西装纸样参数点

5.5.2　单排扣男西装后衣身纸样数据库

单排扣男西装后衣身纸样数据库如表 5.19 所示。其中，轮廓线上的点用
"A"表示，辅助线上的点用"a"表示；直线用"1"表示，曲线用"2"表示
（如图 5.21），根据曲线的弯曲程度及特点选择适当的单排扣男西装后衣身曲线
算法模型[24]。

表 5.19　单排扣男西装后衣身纸样数据库

点分类	序号	X坐标	Y坐标	上一点序号	下一点序号	下二点序号	应用
A_0	0	0	$B/60+1.3$		A_1	A_2	
A_1	1	0	$B/10+B/60+3.3$	A_0	A_2	a_1	1
A_2	2	1.2	$B/5+B/60+5.3$	A_1	a_1	A_3	2
a_1	3	3.5	$G/4+B/60+1.3$	A_2	A_3	A_4	1
A_3	4	2.5	$G/4+B/60+1.3$	a_1	A_4	A_5	1

表5.19（续）

点分类	序号	X坐标	Y坐标	上一点序号	下一点序号	下二点序号	应用
A_4	5	3	0.4G+B/60+5.3	A_3	A_5	A_6	1
A_5	6	3	0.4G+B/60+5.8	A_4	A_6	A_7	1
A_{23}	7	−1	0.4G+B/60+5.8	A_5	A_{22}	A_{21}	1
A_{22}	8	−1.5	G/4+B/60+1.8	A_{23}	A_{21}	A_5	1
A_{21}	9	2.5	G/4+B/60+1.3	A_{22}	A_5	A_6	1
A_6	10	B/5−1	0.4G+B/60+5.3	A_5	A_7	A_8	1
A_7	11	B/5−3.5	G/4+B/60+1.3	A_6	A_8	A_9	2
A_8	12	B/5−0.3	B/5+B/60+5.3	A_7	A_9	A_{10}	2
A_9	13	B/5+0.5	3B/20+B/60+5.3	A_8	A_{10}	A_{11}	2
A_{10}	14	B/5−0.5	B/10+B/60+4.3	A_9	A_{11}	A_{12}	2
A_{14}	15	B/5+1	B/60+3.3	A_{10}	A_{11}	A_{12}	1
A_{11}	16	B/5+1	B/60+2.6	A_{14}	A_{12}	A_0	2
A_{12}	17	B/20+4	0	A_{11}	A_0	A_1	2
A_0	18	0	B/60+1.3	A_{12}	A_1	A_2	2

5.5.3 单排扣男西装前衣身纸样数据库

单排扣男西装前衣身纸样数据库如表5.20所示。其中，轮廓线上的点用"D"表示，辅助线上的点用"d"表示；直线用"1"表示，曲线用"2"表示（如图5.21），根据曲线的弯曲程度及特点选择适当的单排扣男西装前衣身曲线算法模型[24]。

表5.20　单排扣男西装前衣身纸样数据库

点分类	序号	X坐标	Y坐标	上一点序号	下一点序号	下二点序号	应用
D_0	0	B/5+0.5	3B/20+B/60+5.3		D_1	D_2	
D_1	1	B/5+0.5	B/5+B/60+5.3	D_0	D_2	D_3	2
D_2	2	B/5+2	G/4+B/60+1.3	D_1	D_3	D_4	2
D_3	3	B/5+0.5	0.4G+B/60+5.3	D_2	D_4	d_1	2
d_1	4	B/2+1.4	0.4G+B/60+7.3	D_3	D_4	D_5	2
D_4	5	B/2−2.6	0.4G+B/60+7.3	d_1	D_5	D_6	2
D_5	6	B/2+5.4	G/4+B/60+15.3	D_4	D_6	D_7	2

表5.20（续）

点分类	序号	X坐标	Y坐标	上一点序号	下一点序号	下二点序号	应用
D_6	7	B/2+5.4	G/4+B/60+10.3	D_5	D_7	D_8	1
D_7	8	B/2+5.4	G/4+B/60−10.7	D_6	D_8	D_9	1
D_8	9	B/2+5.4	G/4+B/60−12.2	D_7	D_9	D_{10}	1
D_9	10	B/2+6.4	B/60+7.8	D_8	D_{10}	D_{11}	2
D_{10}	11	B/2−B/20−3.1	B/60+6.3	D_9	D_{11}	D_{12}	1
D_{11}	12	B/2−B/20−2.1	B/60+1.3	D_{10}	D_{12}	D_{37}	1
D_{12}	13	3B/10+1.6	$y_{D_{12}}$	D_{11}	D_{37}	d_2	2
D_{37}	14	3B/10+1.6	$y_{D_{12}}$+0.7	D_{12}	d_2	D_{13}	1
d_2	15	3B/10+5.9	B/10+B/60+5.3	D_{12}	D_{13}	D_{14}	1
D_{13}	16	3B/10+5.9	3B/20+B/60+5.3	D_{37}	D_{14}	D_{15}	2
D_{14}	17	$x_{D_{14}}$	$y_{D_{14}}$	D_{13}	D_{15}	D_{16}	2
D_{15}	18	3B/10+0.9	B/5+B/60+5.3	D_{14}	D_{16}	D_{17}	2
D_{16}	19	3B/10−0.3	B/5+B/60+5.3	D_{15}	D_{17}	D_0	2
D_{17}	20	$x_{D_{17}}$	$y_{D_{17}}$	D_{16}	D_0	D_1	2
D_{10}	21	B/5+0.5	3B/20+B/60+5.3	D_{17}	D_1	D_2	2

注：$y_{D_{12}}$=B/60+1.3+(B/5−B/20−3)tan20°；

$x_{D_{14}}$=3B/10+5.9−(0.02B+0.3)sin45°；

$y_{D_{14}}$=B/5+B/60+5.3−(0.02B+0.3)sin45°；

$x_{D_{17}}$=B/5+0.5+0.03Bsin45°；

$y_{D_{17}}$=B/5+B/60+5.3−0.03Bsin45°。

在单排扣男西装前衣身结构中，手巾袋D_{18}，D_{19}，D_{20}，D_{21}点，前腰省D_{22}，D_{23}，D_{24}，D_{25}点，大袋位置D_{26}，D_{27}，D_{28}点，腋下落地省D_{29}，D_{30}，D_{31}，D_{15}，D_{16}点的横坐标和纵坐标分别为：

$x_{D_{18}}$=3B/10+8.9；　　　$y_{D_{18}}$=B/5+B/60+4.8；

$x_{D_{19}}$=2B/5+18.9；　　　$y_{D_{19}}$=B/5+B/60+6.3；

$x_{D_{20}}$=2B/5+18.9；　　　$y_{D_{20}}$=B/5+B/60+4；

$x_{D_{21}}$=3B/10+8.7；　　　$y_{D_{21}}$=B/5+B/60+2.5；

依次连接D_{18}、D_{19}，D_{19}、D_{20}，D_{20}、D_{21}，D_{21}、D_{18}点绘制完成手巾袋轮廓线。

$$x_{D_{22}}=3B/10+13.9;\qquad y_{D_{22}}=B/5+B/60+11.3;$$

$$x_{D_{23}}=3B/10+14.4;\qquad y_{D_{23}}=G/4+B/60+1.3;$$

$$x_{D_{24}}=3B/10+13.4;\qquad y_{D_{24}}=G/4+B/60+1.3;$$

$$x_{D_{25}}=7B/20+7.9;\qquad y_{D_{25}}=G/4+B/60+10.3;$$

$$x_{D_{26}}=7B/20+9.9;\qquad y_{D_{26}}=G/4+B/60+10.3;$$

$$x_{D_{27}}=7B/60+2.3;\qquad y_{D_{27}}=G/4+B/60+9.5;$$

$$x_{D_{28}}=3B/20+B/60+5.3;\quad y_{D_{28}}=G/4+B/60+9.7;$$

$$x_{D_{29}}=7B/60+5.3;\qquad y_{D_{29}}=0.4G+B/60+6.3;$$

$$x_{D_{30}}=7B/60+5.8;\qquad y_{D_{30}}=G/4+B/60+1.3;$$

$$x_{D_{31}}=7B/60+3.8;\qquad y_{D_{30}}=G/4+B/60+1.3;$$

依次连接点 D_{26}、D_{27} 完成大袋位置，依次弧线连接 D_{29}、D_{40}，D_{40}、D_{30}，D_{30}、D_{15}，D_{16}、D_{31}，D_{31}、D_{40}，D_{40}、D_{29} 完成腋下省轮廓线，依次连接 D_{22}、D_{25}，D_{22}、D_{24}，D_{22}、D_{23}，D_{24}、D_{25}，D_{23}、D_{25} 完成前腰省轮廓线。

5.5.4　单排扣男西装衣袖纸样数据库

单排扣男西装袖片纸样数据库如表 5.21 所示。其中，轮廓线上的点用"E"表示，辅助线上的点用"e"表示；直线用"1"表示，曲线用"2"表示（如图 5.21），根据曲线的弯曲程度及特点选择适当的单排扣男西装衣袖算法模型[24]。

表5.21　单排扣男西装衣袖纸样数据库

点分类	序号	X坐标	Y坐标	上一点序号	下一点序号	下二点序号	应用
E_1	0	0	B/10+7		e_1	e_2	1
e_1	1	1.5	B/10+7	E_1	e_2	E_2	1
e_2	2	B/20+2.75	0	e_1	E_2	E_3	1
E_2	3	3	3(B/10+8)/4	e_2	E_3	E_4	2
E_3	4	B/40+2.9	3(B/10+8)/8	E_2	E_4	E_5	2
E_4	5	B/10+2.5	0	E_3	E_5	E_6	2
E_5	6	3B/40+2.75	0	E_4	E_{39}	E_6	1
E_6	7	B/5+2	B/25+3.2	E_{39}	E_7	E_9	2
E_7	8	B/5+2	B/10+8	E_6	E_9	E_8	1

表 5.21（续）

点 分类	序 号	X坐标	Y坐标	上一点 序号	下一点 序号	下二点 序号	应 用
E_9	9	B/10+7	SL+1.5	E_7	E_8	E_{26}	1
E_8	10	3B/20+3.5	SL/2+3	E_9	E_9	E_{26}	2
E_9	11	B/10+7	SL+1.5	E_8	E_{26}	E_{25}	2
E_{26}	12	B/10+9.5	SL+1.7	E_9	E_{25}	E_{24}	1
E_{25}	13	平行E_8E_9	SL−8	E_{26}	E_{24}	E_9	1
E_{24}	14	交于E_8E_9	SL−8.3	E_{25}	E_9	E_{10}	1
E_9	15	B/10+7	SL+1.5	E_{24}	E_{10}	E_{11}	2
E_{10}	16	0	SL−0.5	E_9	E_{11}	E_{12}	2
E_{11}	17	1	SL/2+3	E_{10}	E_{12}	E_1	2
E_{12}	18	0	B/10+8.5	E_{11}	E_1	E_{13}	1
E_1	19	0	B/10+7	E_{12}	e_1	e_2	1
E_{13}	20	6	SL−0.4	E_1	E_{14}	E_{15}	--
E_{14}	21	7	SL/2+3	E_{13}	E_{15}	E_{16}	2
E_{15}	22	6	B/10+8	E_{14}	E_{16}	E_{17}	2
E_{16}	23	6	B/10+7	E_{15}	E_{17}	E_{18}	1
E_{17}	24	B/15+4.7	B/10+8	E_{16}	E_{18}	E_{19}	2
E_{18}	25	B/10+2.5	B/10+8	E_{17}	E_{19}	E_7	2
E_{19}	26	B/5+1	B/25+3.2	E_{17}	E_7	E_8	2
E_7	27	B/5+2	B/10+8	E_6	E_9	E_8	2

5.6　刀背缝女西装纸样参数化设计的实现

5.6.1　刀背缝女西装纸样参数点

　　刀背缝女西装纸样参数化设计的关键在于数据库的建立。同样，参数化纸样设计点也划分为两类，一类为轮廓线上的点，另一类为辅助线上的点，每一个点明确交代了上一点序号、下一点序号和下二点序号，如图 5.22 所示。衣身和衣袖部分分别建立坐标系，数据库按刀背缝女西装纸样的结构规律给出了每一点的二维坐标，这些点的二维坐标都由刀背缝女西装纸样的主要部位参数 B（胸围）、G（身高）及 SL（袖长）等部位规格表示。

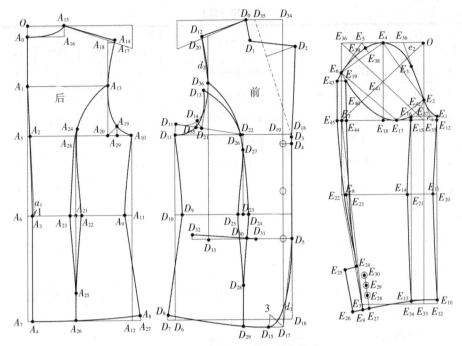

图5.22 刀背缝女西装纸样参数点

5.6.2 刀背缝女西装后衣身纸样数据库

刀背缝女西装后衣身纸样数据库如表5.22所示。其中，轮廓线上的点用"A"表示，辅助线上的点用"a"表示；直线用"1"表示，曲线用"2"表示，根据曲线的弯曲程度及特点选择适当的刀背缝女西装后衣身曲线算法模型。

表5.22 刀背缝女西装后衣身纸样数据库

点分类	序号	X坐标	Y坐标	上一点序号	下一点序号	下二点序号	应用
A_0	0	0	B/60+1.3		A_1	A_2	
A_1	1	0	B/10+B/60+2.8	A_0	A_2	a_1	1
A_2	2	0.8	B/5+B/60+3.3	A_1	a_1	A_3	2
a_1	3	3	G/4+B/60−0.7	A_2	A_3	A_4	1
A_3	4	2	G/4+B/60−0.7	a_1	A_4	A_8	1
A_4	5	2	0.4G+5	A_3	A_8	A_9	1
A_8	6	B/4+1.8	0.4G+4	A_4	A_9	A_{10}	2
A_9	7	B/4−1.2	G/4+B/60−0.7	A_8	A_{10}	A_{19}	2

表5.22（续）

点分类	序号	X坐标	Y坐标	上一点序号	下一点序号	下二点序号	应用
A_{10}	8	B/4+0.3	B/5+B/60+3.3	A_9	A_{29}	A_{19}	2
A_{29}	9	B/5+1.3−0.0212B	B/5+B/60+3.3	A_{10}	A_{19}	A_{13}	1
A_{19}	10	B/5+1.3−0.0212B	B/5+B/60+3.3−0.0212B	A_{29}	A_{13}	A_{17}	1
A_{13}	11	B/5−1	B/10+B/60+2.8	A_{19}	A_{17}	A_{14}	2
A_{17}	12	B/5+0.5	B/60+2.8	A_{13}	A_{14}	A_{15}	2
A_{14}	13	B/5+0.5	B/60+2.3	A_{17}	A_{15}	A_0	1
A_{15}	14	B/20+4	0	A_{14}	A_0	A_1	2
A_0	15	0	B/60+1.3	A_{15}	A_1	A_2	2

注：$A_{19}A_{20}$=0.03B，

$A_{20}A_{29}$=$A_{19}A_{29}$=0.0212B。

在女西装后衣身结构中，刀背缝A_{13}，A_{24}，A_{23}，A_{25}，A_{26}的二维坐标分别为：

$x_{A_{13}}$=B/5−1；　　　　　$y_{A_{13}}$=B/10+B/60+2.8；

$x_{A_{24}}$=B/10+0.12；　　　$y_{A_{24}}$=B/5+B/60+1.3；

$x_{A_{23}}$=B/10−1.13；　　　$y_{A_{23}}$=G/4+B/60−0.7；

$x_{A_{25}}$=B/10+0.12；　　　$y_{A_{25}}$=G/4+B/60+15.3；

$x_{A_{26}}$=B/10+0.12；　　　$y_{A_{26}}$=0.4G+5；

弧线光滑连接A_{13}，A_{24}，A_{23}，A_{25}，A_{26}点为女西装后衣身刀背缝。

在女西装后衣身结构中，刀背缝A_{13}，A_{24}，A_{22}，A_{25}，A_{26}的二维坐标分别为：

$x_{A_{13}}$=B/5−1；　　　　　$y_{A_{13}}$=B/10+B/60+2.8；

$x_{A_{24}}$=B/10+0.12；　　　$y_{A_{24}}$=B/5+B/60+1.3；

$x_{A_{22}}$=B/10+1.37；　　　$y_{A_{22}}$=G/4+B/60−0.7；

$x_{A_{25}}$=B/10+0.12；　　　$y_{A_{25}}$=G/4+B/60+15.3；

$x_{A_{26}}$=B/10+0.12；　　　$y_{A_{26}}$=0.4G+5；

弧线光滑连接A_{13}，A_{24}，A_{22}，A_{25}，A_{26}点为女西装后侧衣身刀背缝。

5.6.3　刀背缝女西装前衣身纸样数据库

刀背缝女西装前衣身纸样数据库如表5.23所示。其中，轮廓线上的点用

"D"表示，辅助线上的点用"d"表示；直线用"1"表示，曲线用"2"表示（如图5.22），根据曲线的弯曲程度及特点选择适当的刀背缝女西装前衣身曲线。

表5.23　刀背缝女西装前衣身纸样数据库

点分类	序号	X坐标	Y坐标	上一点序号	下一点序号	下二点序号	应用
D_0	1	B/20+4	−0.5	D_{34}	D_1	D_2	1
D_1	2	B/20+3	4	D_0	D_2	D_3	2
D_2	3	3	5.2	D_1	D_3	D_4	1
D_3	4	−2	B/5+B/60+4.3	D_2	D_4	D_5	2
D_4	5	−2	B/5+B/60+5.8	D_3	D_5	d_1	1
D_5	6	−2	0.4G+9.5−FL/3	D_4	d_1	D_{15}	1
d_1	7	0	0.4G+9.5	D_5	D_{15}	D_8	1
D_{15}	8	3	0.4G+9.5	d_1	D_8	D_9	2
D_8	9	B/4+2	0.4G+4	D_{15}	D_9	D_{11}	2
D_9	10	B/4−1	G/4+B/60−0.7	D_8	D_{11}	D_{35}	2
D_{11}	11	B/4+0.5	B/5+B/60+3.3	D_9	D_{35}	D_{14}	2
D_{35}	12	B/5+0.014B−0.65	B/5+B/60+3.3	D_{11}	D_{14}	D_{13}	1
D_{14}	13	B/5+0.014B−0.65	B/5+B/60−0.014B+2.09	D_{35}	D_{13}	D_{26}	1
D_{13}	14	B/5−1	B/10+B/60+4.3	D_{14}	D_{26}	D_{27}	2
D_{26}	15	B/10	B/5+B/60+3.3	D_{13}	D_{27}	D_{25}	2
D_{27}	16	B/10−1	B/5+B/60+7.3	D_{26}	D_{25}	D_{28}	2
D_{25}	17	B/10+0.25	G/4+B/60−0.7	D_{27}	D_{28}	D_{29}	2
D_{28}	18	B/10−1	G/4+B/60+15.3	D_{25}	D_{29}	D_{28}	2
D_{29}	19	B/10−1	0.4G+9.2	D_{28}	D_{28}	D_{24}	1
D_{28}	20	B/10−1	G/4+B/60+15.3	D_{29}	D_{24}	D_{27}	1
D_{24}	21	B/10−2.25	G/4+B/60−0.7	D_{28}	D_{27}	D_{26}	2
D_{27}	22	B/10−1	B/5+B/60+7.3	D_{24}	D_{26}	D_{36}	2
D_{26}	23	B/10	B/5+B/60+3.3	D_{27}	D_{36}	D_{20}	2
D_{36}	24	B/5−2	B/10+B/60+2.8	D_{26}	D_{20}	D_{12}	2
D_{20}	25	B/5	B/60+2.8	D_{36}	D_{12}	D_0	2
D_{12}	26	B/5	B/60+2.3	D_{20}	D_0	D_1	1
D_0	27	B/20+4	−0.5	D_{12}	D_1	D_2	2

注：$D_{21}D_{14}=0.02B+0.5$；

$D_{21}D_{35}=D_{35}D_{14}=0.014B+0.35$。

在刀背缝女西装前衣身结构中，前双嵌线袋点 D_{33}，D_{31}，D_{32} 的二维坐标分别为：

$x_{D_{33}}$ =B/5−2；　　　　$y_{D_{33}}$ =0.4G+9.5−FL/3；

$x_{D_{31}}$ =3B/20−6.25；　$y_{D_{31}}$ =0.4G+9.5−FL/3；

$x_{D_{32}}$ =B/4−1.25；　　$y_{D_{32}}$ =0.4G+8.5−FL/3；

连接 $D_{31}D_{33}$ 为刀背缝女西装双嵌线袋袋口线的位置。

5.6.4　刀背缝女西装衣袖纸样数据库

刀背缝女西装衣袖纸样数据库如表5.24所示。其中，轮廓线上的点用"E"表示，辅助线上的点用"e"表示；直线用"1"表示，曲线用"2"表示（如图5.22），根据曲线的弯曲程度及特点选择适当的刀背缝女西装衣袖曲线算法。

表5.24　刀背缝女西装衣袖纸样数据库

点分类	序号	X坐标	Y坐标	上一点序号	下一点序号	下二点序号	应用
E_1	0	0	B/10+7		e_1	e_2	1
e_1	1	1.5	B/10+7	E_1	e_2	E_2	1
e_2	2	B/20+2.75	0	e_1	E_2	E_3	1
E_2	3	3	3(B/10+8)/4	e_2	E_3	E_4	2
E_3	4	B/40+2.9	3(B/10+8)/8	E_2	E_4	E_5	2
E_4	5	B/10+2.5	0	E_3	E_5	E_6	2
E_5	6	3B/40+2.75	0	E_4	E_{39}	E_6	1
E_6	7	B/5+2	B/25+3.2	E_{39}	E_7	E_9	2
E_7	8	B/5+2	B/10+8	E_6	E_9	E_8	1
E_9	9	B/10+7	SL+1.5	E_7	E_8	E_{26}	1
E_8	10	3B/20+3.5	SL/2+3	E_9	E_9	E_{26}	2
E_9	11	B/10+7	SL+1.5	E_8	E_{26}	E_{25}	2
E_{26}	12	B/10+9.5	SL+1.7	E_9	E_{25}	E_{24}	1
E_{25}	13	平行E8E9	SL−8	E_{26}	E_{24}	E_9	1
E_{24}	14	交于E8E9	SL−8.3	E_{25}	E_9	E_{10}	1
E_9	15	B/10+7	SL+1.5	E_{24}	E_{10}	E_{11}	2
E_{10}	16	0	SL−0.5	E_9	E_{11}	E_{12}	2

表5.24（续）

点分类	序号	X坐标	Y坐标	上一点序号	下一点序号	下二点序号	应用
E_{11}	17	1	SL/2+3	E_{10}	E_{12}	E_1	2
E_{12}	18	0	B/10+8.5	E_{11}	E_1	E_{13}	1
E_1	19	0	B/10+7	E_{12}	e_1	e_2	1
E_{13}	20	6	SL−0.4	E_1	E_{14}	E_{15}	--
E_{14}	21	7	SL/2+3	E_{13}	E_{15}	E_{16}	2
E_{15}	22	6	B/10+8	E_{14}	E_{16}	E_{17}	2
E_{16}	23	6	B/10+7	E_{15}	E_{17}	E_{18}	1
E_{17}	24	B/15+4.7	B/10+8	E_{16}	E_{18}	E_{19}	2
E_{18}	25	B/10+2.5	B/10+8	E_{17}	E_{19}	E_7	2
E_{19}	26	B/5+0.5	B/25+5.4	E_{18}	E_7	E_8	2
E_6	27	B/5+2	B/25+3.2	E_{19}	E_{43}	E_{45}	2
E_{43}	28	B/5+3.5	B/25+5.4	E_6	E_{45}	E_{24}	2
E_{45}	29	B/5+3.5	B/10+8	E_{43}	E_{24}	E_{44}	2
E_{24}	30	交于E_8E_9	SL−8.3	E_{43}	E_{44}	E_{19}	2
E_{44}	31	B/5+0.5	B/10+8	E_6	E_{19}	E_{18}	2
E_{19}	32	B/5+0.5	B/25+5.4	E_{43}	E_{18}	E_{17}	2

6

结 语

6.1 总 结

西装纸样参数化系统应用了参数化和智能化纸样设计理论，运用纸样自动生成和交互式修改技术，结合男女西装纸样本身和用户的需求，对男女西装纸样进行了分析、归类和匹配等，建立了纸样生成的整体框架，同时对男女西装纸样参数化设计开发的难点与重点进行了系统的研究和设计。本书选择了款式较为固定的男女西装纸样作为研究对象，总结了男女西装款式变化和纸样变化的规律，将男女西装纸样系统分成三大基本模块，完成了服装曲线的分类和不同类型曲线的算法选择。

西装纸样参数化设计系统建立在参数化设计的理论基础上，因为参数化设计的基本要素是参数、型体的设计和统一的数据库。它属于一次性设计，符合服装纸样设计单个款式多种号型的要求和平面图形为立体造型服务的目的。参数化设计的基础是参数驱动，即尺寸驱动，与传统纸样设计的不同之处在于，参数驱动可以通过参数重新赋值达到变换设计的目的。这就意味着西装纸样设计人员一开始可以设计纸样草图，然后进行参数说明，即参数化，来完成西装纸样设计的细节。

通过参数化设计，有效地提高了工业化生产及个性化定制西装纸样设计的质量与效率。不仅大大地缩短了用户对西装纸样模型的编辑修改的时间，而且使得计算机辅助设计与样板师的实际工作或思维活动相一致，在型体特征与纸样特征之间建立了关联关系，从而保证了整个纸样设计过程中型体与纸样设计的高度统一。

本书运用理论和实践相结合的研究方法，结合服装结构、服装工艺、服装面料、服装功效学及计算机辅助设计等专业知识在实践中得以实现，从而验证了西装纸样参数化设计系统的合理性和可行性。由于服装参数化纸样设计系统涉及的范围很广，本书只针对男女西装这一款式较为固定的服装类型，进行参数化纸样自动生成和交互式修改技术的研究，希望能为服装智能化生产及服装工业整体智能化的研究做出铺垫。

6.2 服装纸样参数化设计的发展方向

随着计算机科学和服装纸样设计的快速发展，服装CAD制板技术正在从静态发展到动态，朝着智能化、个性化方向发展，从而给服装CAD带来更深刻的变革。

目前，服装CAD智能化纸样设计系统正朝着两个方向发展：一是以专家系统为基础的纸样快速自动生成以及连动修改，该系统需要建立庞大的服装纸样知识库，通过数据传递，满足快速个性化设计需求；二是交互式智能模块的设计与应用，运用服装纸样知识，建立智能模块程序库，为样板设计师提供充分发挥创造性设计的空间。

由于服装造型和结构具有多样性，专家系统与智能模块的服装纸样系统覆盖面有限，需要不断地对各自系统进行完善和升级，因此要求服装纸样系统能够根据个性化需求，对其中的模块开放，允许样板师进行调整和设计，以满足企业的需求。

当前，智能化开发与应用建立在不同服装CAD纸样系统上，这些系统自成体系，在一定程度上阻碍了智能化技术的发展。随着服装CAD智能技术的广泛应用，智能化技术本身越来越不具有竞争力，而高水平的样板师才是企业成功的关键，所以服装CAD纸样智能化系统必将走向通用化。

整体智能化是把自动测量系统、服装CAD各子系统及生产销售相融合。三维人体测量、服装设计及服装打板系统的有机结合，使得"量体裁衣"过程的自动化得以实现，这必将给服装行业带来一次重大变革。

未来，融合科技发展，服装CAD纸样设计系统必将走向开放化、通用化及整体智能化。

参考文献

[1] 刘卉,许端清,陈纯.服装CAD综述[J].计算机辅助设计与图形学学报,2000, 12(6):473.

[2] 崔立明,甘应进,黄珂.试析国内外服装CAD差异[J].吉林工学院学报,2002, 23(2):1-3.

[3] 雒薇嘉,洛微燕.服装CAD应用系统的比较及发展方向[J].天津纺织科技, 2002,41(3):4-7.

[4] 张秉森,戚其静.国内外CAD/CAM/CIM系统综述[J].山东纺织科技,1998 (3):57-59.

[5] 刘相臣.CAD技术在服装设计中的应用:介绍瑞士的服装CAD技术[J].北京 纺织,1994(1):42-45.

[6] 白越,甘应进,陈东升.服装CAD发展现状及原型模块的功能综述[J].天津 纺织科技,2000(1):55-57.

[7] 赵锘平,张渭源,张鸿志.服装CAD技术发展与展望[J].天津纺织工业学院 学报,2000,19(5):70-73.

[8] 潘云鹤.智能CAD方法与模型[M].北京:科学出版社,1997.

[9] 刘雁,耿兆丰,刘晓刚.智能服装设计系统研究[J].东华大学学报(自然科学 版),2003,29(2):67-70.

[10] 刘瑞璞.男装纸样设计原理与技巧[M].2版.北京:中国纺织出版社,1993: 14-15.

[11] 顾韵芬.服装结构设计与制推板技术[M].沈阳:辽宁美术出版社,2002:207- 208.

[12] 蒋锡根.服装结构设计:服装母型裁剪法[M].上海:科学技术出版社,1994: 117.

[13] 文福安.最新计算机辅助设计[M].北京:北京邮电大学出版,2000.

[14] 杨岳,罗意平.CAD/CAM原理与实践[M].北京:中国铁道出版社,2002.

［15］ 许耀昌,罗宁.计算机辅助服装设计［M］.北京:纺织工业出版社,1993.

［16］ 章琦.服装PDS领纸样自动生成专家系统的研究［D］.上海:中国纺织大学,1999.

［17］ LANE J M,RIESENFELD R.A theoretical development for the computer generation and display of piecewise polynomial surfaces［J］.IEEE transactions on pattern analysis and machine intelligence,1980,2(1):35.

［18］ BOEHM W.Curvature continuous curves and surfaces［J］.Computer-aided design,1985,2(4):313-323.

［19］ 姜泽虹.男西装部件库的构建及其样板参数化关系模型的研究［D］.西安:西安工程技术大学,2014.

［20］ 潘波.采用数学模型拟合裤装纸样曲线［J］.北京服装学院学报,1998,18(2):36-42.

［21］ 张鸿志,赵锘平.服装纸样计算机辅助设计［M］.北京:中国纺织出版社,2002.

［22］ 滕洪军.辽宁老年女装纸样参数化系统的建立［J］.辽东学院学报(自然科学版),2011,(4):332-336.

［23］ 滕洪军.服装CAD样板系统的应用现状及发展［J］.针织工业,2011(12):53-54.

［24］ 滕洪军.辽宁省城市老年女装基本型的建立［J］.辽东学院学报(自然科学版),2007,14(1):51-54.

［25］ 苏畅,滕洪军.基于参数化设计的锥形裤纸样探讨［J］.辽宁丝绸,2021(1):38-39.